普通高等职业教育计算机系列规划教材

计算机应用基础实训指导

（Windows 7+Office 2010）

（第3版）

邱绪桃　陈　谊　李　繁　主　编

　　　　费玲玲　刘丽萍　副主编

电子工业出版社

Publishing House of Electronics Industry

北京·BEIJING

内 容 简 介

本书在基于工作过程且内容项目化思想指导下,根据计算机在日常学习、生活中的工作场景及操作流程,设计了 15 个操作实训,强调项目化和可操作性,突出学生应用能力的训练及基础操作的掌握,满足应用型高职高专的教学需要,具有相当强的针对性和实用性。

本书突破了传统的实验教程编写模式,围绕教学内容,以工作过程为导向的项目化方式精心安排了每个教学项目。其中,项目 1 介绍计算机基本操作,项目 2 介绍 Windows 7 操作系统,项目 3 介绍文字处理软件 Word,项目 4 介绍电子表格处理软件 Excel,项目 5 介绍演示文稿软件 PowerPoint,项目 6 介绍计算机网络与安全。为了满足部分要参加计算机等级考试学生的需求,每个项目都配有相应的综合练习题,便于其更加熟练地掌握相关的操作。

本书既可作为高等院校各专业"计算机应用基础"课程的实训教材,又可作为相关人士自学的参考资料,同时也可供计算机等级考试人员参考。

未经许可,不得以任何方式复制或抄袭本书之部分或全部内容。
版权所有,侵权必究。

图书在版编目(CIP)数据

计算机应用基础实训指导:Windows 7+Office 2010/邱绪桃,陈谊,李繁主编. —3 版. —北京:电子工业出版社,2019.8
普通高等职业教育计算机系列规划教材
ISBN 978-7-121-36597-3

Ⅰ. ①计… Ⅱ. ①邱… ②陈… ③李… Ⅲ. ①Windows 操作系统—高等职业教育—教材②办公自动化—应用软件—高等职业教育—教材 Ⅳ. ①TP316.7②TP317.1

中国版本图书馆 CIP 数据核字(2019)第 096812 号

策划编辑:徐建军(xujj@phei.com.cn)
责任编辑:韩玉宏
印　　刷:涿州市京南印刷厂
装　　订:涿州市京南印刷厂
出版发行:电子工业出版社
　　　　　北京市海淀区万寿路 173 信箱　邮编 100036
开　　本:787×1 092　1/16　印张:11　字数:281.6 千字
版　　次:2013 年 9 月第 1 版
　　　　　2019 年 8 月第 3 版
印　　次:2020 年 7 月第 4 次印刷
印　　数:2500 册　定价:33.00 元

凡所购买电子工业出版社图书有缺损问题,请向购买书店调换。若书店售缺,请与本社发行部联系,联系及邮购电话:(010)88254888,88258888。
质量投诉请发邮件至 zlts@phei.com.cn,盗版侵权举报请发邮件至 dbqq@phei.com.cn。
本书咨询联系方式:(010)88254570。

前　言

在信息技术飞速发展的今天，计算机已成为人们工作、学习和生活中的重要工具之一。作为 21 世纪的在校大学生，有必要加强对计算机基础知识的了解和学习，熟悉计算机在各行业的应用及操作流程，掌握计算机的相关概念和知识，精通计算机操作的基本技能。本书强调实践操作和应用能力的训练，并结合计算机等级考试的要求编写了综合练习题，以帮助读者更好地理解与掌握计算机相关的理论知识和实际操作，满足应用型高职高专院校的教学需要。

本书是与《计算机应用基础（Windows 7+Office 2010）》（第 3 版）（邱绪桃、陈谊、费玲玲主编，2019 年由电子工业出版社出版）配套的实训教学指导教材，其主要的教学目标是让读者掌握一定的计算机基础理论知识及实践操作能力，因此，在内容的安排上以培养基本应用技能为主线，通过大量的实训任务及丰富的图解说明来介绍计算机应用的相关知识，具有内容新颖、结构紧凑、层次清楚、图文并茂、通俗易懂、实用性强、针对性强、便于教与学等特点。

本书由多名长期从事计算机基础教育教学和研究的人员编写，全书共分 6 个项目，注重计算机的实际应用和操作，内容包括计算机基本操作、Windows 7 操作系统、文字处理软件 Word、电子表格处理软件 Excel、演示文稿软件 PowerPoint、计算机网络与安全等。根据计算机应用基础课程标准和实际应用，每个项目包含不同数量的实训任务和综合练习题，每个实训任务都有实训的操作过程，特别是文字处理软件 Word、电子表格处理软件 Excel、演示文稿软件 PowerPoint 三个部分中的每个实训完成后，至少都会有一个真实的实训效果文档。通过实训过程的说明，将计算机基础知识与操作有机地结合在一起，不仅有利于快速地掌握计算机操作技能，还加深了对计算机基础知识的理解，从而达到巩固理论知识、强化操作技能的目的。由于教材篇幅有限，关于实训的操作过程，可供参考，在此基础上，某些操作点也可使用其他方法完成，关键是抓住重点，开拓思路，提高分析问题、解决问题的能力。为此，在各个项目后配有综合练习题，帮助读者进一步巩固、强化操作技能。

本书可作为高等院校计算机公共基础课程教材，也可作为参加计算机基础知识和应用能力等级考试一级考试人员的培训教材。需要特别说明的是，为了让读者能更好地准备参加计算机等级考试，满足在 Office 部分操作题的要求，本书特地在 Office 2010 部分准备了相关的操作要求及操作素材供读者使用。

本书由成都纺织高等专科学校的邱绪桃、陈谊、李繁担任主编。其中，项目 1、项目 6 由陈谊编写，项目 2 由刘丽萍编写，项目 3 由邱绪桃编写，项目 4 由李繁编写，项目 5 由费玲玲编写。全书由邱绪桃负责统筹安排和协调，由肖甘主审。在本书的编写过程中，编者得到了各方面的大力支持，在此一并表示感谢。

由于编者水平有限和时间仓促，书中难免存在疏漏之处，欢迎广大读者批评指正。

编　者

目 录
Contents

项目 1　计算机基本操作 ································· （1）
　　实训　计算机基本组成与文字录入 ···················· （1）
　　综合练习题 ·· （9）

项目 2　Windows 7 操作系统 ··························· （11）
　　实训 1　Windows 7 基本操作 ························ （11）
　　实训 2　Windows 7 文件管理 ························ （27）
　　综合练习题 ·· （40）

项目 3　文字处理软件 Word ····························· （41）
　　实训 1　基本操作 ······································· （41）
　　实训 2　格式设置 ······································· （49）
　　实训 3　表格处理 ······································· （55）
　　实训 4　图文混排 ······································· （61）
　　实训 5　长文档处理 ···································· （67）
　　综合练习题 ·· （81）

项目 4　电子表格处理软件 Excel ······················· （85）
　　实训 1　基本操作 ······································· （86）
　　实训 2　公式使用 ······································· （93）
　　实训 3　格式设置 ······································· （103）
　　实训 4　数据管理 ······································· （114）
　　综合练习题 ·· （128）

项目 5　演示文稿软件 PowerPoint ····················· （132）
　　实训 1　创建"我的世界"演示文稿 ················· （132）
　　实训 2　美化"我的世界" ···························· （145）
　　综合练习题 ·· （154）

项目 6　计算机网络与安全 ······························· （155）
　　实训　网络的使用 ······································ （155）
　　综合练习题 ·· （167）

项目 1 计算机基本操作

随着计算机的普及，计算机已成为我们学习、工作和生活中使用较广泛的工具之一。熟练使用计算机是当今大学生必须拥有的一项基本技能。认识计算机部件与组成有利于对计算机的简单故障进行处理和维护，文字录入操作是计算机操作的基础。

本项目主要内容

- 计算机的开关机
- 计算机的硬件组成
- 键盘的布局、功能与使用
- 指法训练

实训 计算机基本组成与文字录入

实训目的

（1）掌握开关计算机的正确方法。
（2）了解一台微型计算机的硬件组成及配置性能。
（3）掌握键盘的布局与功能。
（4）掌握正确的指法。

实训要求

（1）熟悉计算机的几种启动方法，会正确地启动计算机。
（2）能在网上模拟配置一台计算机。
（3）正确认识计算机键盘。
（4）能用正确的指法录入中英文。

实训步骤

1. 计算机的开关机

1）启动计算机

（1）冷启动。冷启动是通过加电来启动计算机的过程。其步骤如下：先打开计算机的所有外部设备电源，如显示器、音箱、扫描仪和打印机等，然后打开主机箱的电源开关，即正确地启动计算机，这种启动方式称为冷启动。

（2）热启动。热启动是指计算机在已加电情况下的启动。计算机已经开机，并进入 Windows 操作系统后，系统在某种情况下需要重新启动。其步骤如下：在 Windows 中，单击桌面上的"开始"按钮，选择"关闭计算机"命令，在弹出的对话框中单击"重新启动"按钮。

提示：

（1）如果计算机在运行中异常停机，或死锁于某一状态，则需要用 Ctrl+Alt+Delete 组合键或按复位键重新启动计算机。

（2）可以用系统复位方式来重新启动计算机，即按机箱面板上的复位键（也就是 Reset 按钮）。如果采用系统复位方式还不能启动计算机，则再用冷启动的方式启动计算机。

2）关闭计算机

先关闭所有外部设备，然后选择"开始"→"关机"命令，即可正确地关闭计算机。

提示：

如果系统不能自动关闭，则可强行关机。其方法是按下主机电源开关不放手，持续 5s，即可强行关闭主机，最后关闭显示器电源。

计算机开机后，不要随意搬动各种设备，不要拔插机箱内的各种接口卡，不要连接和断开主机和外部设备之间的电缆。这些操作应在断电情况下进行。

2. 计算机硬件的组成

1）微型计算机硬件的基本配置

微型计算机硬件的基本配置是主机、显示器、键盘、鼠标等，如图 1.1 所示。

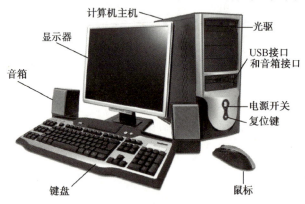

图 1.1 微型计算机示意图

微型计算机从结构上可以分为主机和外部设备两大部分。微型计算机的主要功能集中在主机上，主机箱前面一般有电源开关、电源指示灯、硬盘指示灯、复位键、光驱等。主机箱里有 CPU、主存储器、外存储器（硬盘存储器、光盘存储器等）、网络设备、接口部件、声卡、视频卡等。

2）主机箱的内部结构和主要部件

在老师的指导或演示下打开一台主机箱，观察机箱内的主要部件。

（1）主板。主板又称为主机板（Mainboard），是微机的重要部件，也是微机中最大的一块高度集成的电路板，如图1.2所示。因此，主板不但是整个计算机系统平台的载体，而且负责系统中各种信息的交流。主板的性能影响着整个计算机系统的性能。

主板上主要有CPU、BIOS芯片、内存条、控制芯片组、SATA接口、IDE接口、软驱接口、PCI Express显卡接口、若干个USB接口、并行接口、串行接口、PCI总线接口等。若声卡、显卡、网卡没有集成在主板上，则主板的插槽上还插有显卡、声卡、网卡等部件。

（2）CPU。在微机中，运算器和控制器被制作在同一个半导体芯片上，称为中央处理器（Central Processing Unit，CPU），又称为微处理器，如图1.3所示。

图1.2 主板示意图

图1.3 CPU

CPU是计算机硬件系统的核心部件，可以完成计算机的各种算术运算、逻辑运算和指令控制。目前生产的CPU主要由基板、核心和针脚3部分组成，其产品主要有Intel公司的酷睿（Core）、至强（Xeon）及AMD公司的FX、A10等。

（3）内存条。内存条是内存的一种，是存储程序和数据的装置，用于暂时存放系统中的数据，它的特点是存储容量较小，运行速度快，如图1.4所示。

图1.4 内存条

提示：

（1）内存分为随机存储器（RAM）、只读存储器（ROM）和高速缓冲存储器（Cache）。内存一般指RAM。

（2）RAM的特点是CPU可以随时读出而不能写入数据，关机后RAM中的数据将自动消失，且不可恢复。ROM的特点是CPU只能读出而不能写入数据，断电后ROM的信息不会消失。高速缓冲存储器（Cache）是介于CPU与RAM之间的一种高速存取信息的存储器，用于解决CPU与RAM之间的速度匹配问题。

（4）硬盘。硬盘是外存储器的一种，它的特点是存储容量较大，可以长期保存和备份数据，而且不怕停电，但存储速度比内存慢，如图1.5所示。

图 1.5　硬盘

提示：

光盘、U 盘、移动硬盘等都是外存储器。

（5）显示卡。显示卡简称显卡，它的基本作用是控制计算机图形输出，主要负责将 CPU 送来的影像数据经过处理后，转换成数字信号或模拟信息，再将其传输到显示器上。显卡是主机与显示器沟通的桥梁，如图 1.6 所示。

（6）网络适配器。网络适配器简称网卡，它是连接计算机与网络的硬件设备，是计算机上网的必备硬件。由于网卡的重要性，现在大部分主板集成了网卡。

提示：

网卡分为有线网卡、无线网卡和无线移动网卡 3 种。无线网卡的显著特点是连接网络时不需要网线。无线移动网卡可以通过中国电信、中国移动或中国联通的 3G/4G 无线通信网络上网。

（7）光驱。光驱是用来读取光盘数据的设备。常见的光驱有 CD-ROM 光驱、DVD-ROM 光驱、CD-RW 刻录机、DVD-RW 刻录机等，如图 1.7 所示。

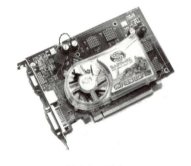

图 1.6　显卡　　　　　　　　　　　　图 1.7　光驱

（8）显示器。显示器依据其显示方式可分为 CRT（阴极射线管）显示器和 LCD（液晶）显示器，用于输出各种数据，是最基本的输出设备。显示器的主要性能指标有尺寸、亮度、点距、分辨率和刷新频率等。

（9）键盘与鼠标。键盘是最常用的一种输入设备，用户通过按键将各种命令、程序和数据送入计算机中。鼠标也是计算机常用的输入设备，常用的鼠标有机械式和光电式两种。

3）模拟配置一台计算机

由于计算机硬件组成的日益标准化，用户也可以自己购买计算机各种部件进行组装。表 1.1 所示是一台微型计算机基本部件的配置清单。

表 1.1　一台微型计算机基本部件的配置清单

配　件	名　称	数　量	参考价格（元）
CPU	Intel（英特尔）酷睿 i5-8400 盒装 CPU（LGA1151/ 4.0GHz/9MB 三级缓存）	1	1599
主板	华硕 ASUS TUF B360M-PLUS	1	669
内存	金士顿（Kingston）DDR4 2400 8GB	2	798
固态硬盘	金士顿（Kingston）A400 系列 120GB SATA3 SSD	1	169
硬盘	希捷（Seagate）酷鱼系列 1TB 7200 转 64MB SATA3 台式机硬盘（ST1000DM010）	1	329
机箱	先马（Sama）领秀标准版全塔机箱（210mm 宽度/前板双风扇位/8PCI 扩展槽）	1	299
电源	安钛克（Antec）VP450 台式机主机机箱电源 450W	1	259
显示器	AOC 23.6 英寸焕新二代 PLS 屏窄边框 P2491VWHE/BW（HDMI 版）	1	749
鼠标	富勒（Fuhlen）M65 节能无线鼠标	1	26.9
键盘	罗技（Logitech）K120 键盘	1	47
音箱	漫步者（Edifier）R101V 2.1 音箱	1	139
总　价			5083.9

注：本表格中的所有型号与价格均来源于网络，仅供教学参考使用

3. 认识键盘

键盘是最常用的输入设备，用户向计算机发出的命令、文字录入等都需要通过键盘输入计算机中。

1）键盘布局

以图 1.8 所示的 104 键盘为例，键盘分为主键盘区、功能键区、编辑键区、数字键区和状态指示灯区。

图 1.8　键盘的键位分布

（1）主键盘区是键盘的主体部分，共有 61 个键位，其中包括 26 个字母键、10 个数字键、11 个符号键和 14 个控制键，用于输入数字、文字、符号等。

（2）功能键区是键盘最上面的一排键位，其中包括取消键 Esc、特殊功能键 F1～F12、屏幕打印键 PrtScn/SysRq、滚动锁定键 Scroll Lock、暂停键 Pause/Break。

（3）编辑键区位于主键盘区的右侧，主要用于光标移动和编辑控制操作。

（4）数字键区位于编辑键区的右侧，主要用于输入数字及加、减、乘、除等运算符号。

（5）状态指示灯区位于数字键区的上方，其中包括 Num 数字键盘的锁定灯、Caps 大写字母锁定灯和 Scroll 滚屏锁定灯 3 个状态指示灯。

2）常用键的功能

键盘常用键的功能如表 1.2 所示。

表 1.2 键盘常用键的功能

按 键	名 称	功 能
Space	空格键	按一下产生一个空格
Backspace	退格键	删除光标左边的字符
Shift	换挡键	同时按下 Shift 键和具有上下挡字符的键，上挡字符起作用
Ctrl	控制键	与其他键组合成特殊的控制键
Alt	控制键	与其他键组合成特殊的控制键
Tab	制表定位键	按一次，光标向右移动 8 个字符位置
Caps Lock	大小写转换键	Caps 灯亮为大写状态，否则为小写状态
Enter	回车键	命令确认，且光标移到下一行
Ins（Insert）	插入键	插入状态是在光标左边插入字符，否则覆盖当前字符
Del（Delete）	删除键	删除光标右边的字符
Page Up	向上翻页键	光标定位到上一页
Page Down	向下翻页键	光标定位到下一页
Num Lock	数字锁定转换键	Num 亮时小键盘数字键起作用，否则下挡的光标定位键起作用
Esc	强行退出键	可废除当前命令行的输入，等待新命令的输入，或中断当前正在执行的程序

4．打字知识

1）打字的正确姿势及方法

（1）正确的打字姿势。打字的姿势非常重要，操作时坐姿应正确。如果姿势不对，打一会儿字，就会觉得腰酸背痛，手指无力。

打字的正确姿势示意图如图 1.9 所示。平坐在椅子上，腰背挺直，身体稍微向前倾斜，两脚自然地平放在地上。使用高度适当的工作台和椅子，便于手指操作。眼睛与显示器的距离一般为 30cm 左右。两肘悬空，轻贴身体两侧，手腕悬空平放，手指自然下垂轻放在基准键位上。文稿放在键盘的左侧，键盘稍向右放置，眼睛不要盯着键盘。

（2）正确的击键方法。首先，击键不是按键。击键时，手指力量要适中。手指的全部动作只限于手指部分，手腕平直，手臂不动。手腕至手指呈弧状，指头的第一关节与键面垂直。击键时以指尖垂直向键位瞬间爆发冲击力，并立即由反弹力返回。击键要迅速果断，不能拖拉、犹豫。操作时要稳、准、快。击键用力部位是指关节，不要手腕用力，可以把指力和腕力相结合使用。

2）打字指法

图 1-10 所示是键位指法分区示意图，双手在键盘中的各个键位上的分工明确。要想熟练掌握指法，必须遵守操作规范，按训练步骤循序渐进。

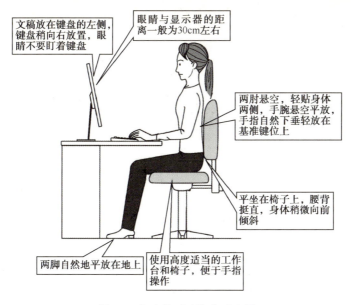

图1.9 打字的正确姿势示意图

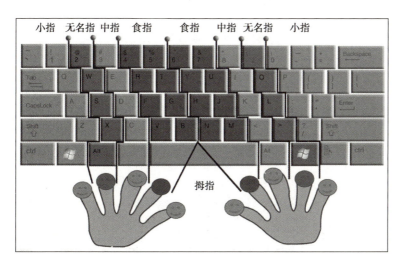

图1.10 键位指法分区示意图

3）基准键位

A、S、D、F、J、K、L、;键这8个键称为基准键位。其中，F、J键称为定位键（键位上有一小横杠），其作用是将左、右食指分别放在F和J键上，其余三指依次放下就能找到基准键位。基准键位的分布及手指分工如图1-11所示。打字准备状态时，应按图1-11所示放好手指。

图1.11 基准键位的分布及手指分工

4）汉字输入法快捷键的设置

（1）选择"开始"→"控制面板"命令，在打开的"控制面板"窗口中单击"时钟、语言和区域"按钮，打开"时钟、语言和区域"窗口，选择"更改键盘或其他输入法"选项，打开"区域和语言"对话框，选择"键盘和语言"选项卡，如图 1.12 所示。

图 1.12　控制面板及"区域和语言"对话框

（2）单击"更改键盘"按钮，打开"文本服务和输入语言"对话框，选择"高级键设置"选项卡，如图 1.13 所示。

图 1.13　"文本服务和输入语言"对话框

（3）要为某种输入法设置热键，可以在图 1.13 所示的"高级键设置"选项卡中单击"更改按键顺序"按钮，在打开的"更改按键顺序"对话框中进行设置，最后单击"确定"按钮返回即可。

5）标点符号的输入

常用中文标点符号与键盘对照表如表 1.3 所示。

表 1.3　常用中文标点符号与键盘对照表

中文标点	键位	中文标点	键位
句号。	。	书名号《》	<>
逗号，	，	省略号……	Shift+6
分号；	；	破折号——	Shift+减号（主键盘区）
冒号：	Shift+;	感叹号！	Shift+1
问号？	Shift+/	顿号、	\或/
双引号"	Shift+'	间隔号•	`
单引号'	'	人民币符号￥	Shift+4
括号（）	Shift+9 和 Shift+0	百分号%	Shift+5

提示：

Shift 键是换挡键，当键盘上某个键有两个字符时，要输入该键上面的某一个字符时需按住 Shift 键。

综合练习题

1. 利用网络资源，模拟配置一台 5000 元左右的台式机，并将详细配置清单填入表 1.4。

表 1.4　配置清单

名　称	型　号	数　量	价　格	来源网站
总价				____元

2. 用 Windows 提供的"记事本"程序进行打字练习。

3. 在老师的指导下，使用金山打字等软件进行如下打字录入练习（下面文字来源于网络）。

Windows 10 是一个由微软开发的操作系统，是 Windows 家族的最新成员，为 Windows 8.1 和 Windows Phone 8.1 的后继者，开发代号为 Threshold 和 Redstone。设计目标是统一包括 PC、平板电脑、智能手机、嵌入式系统、Xbox One、Surface Hub 和 HoloLens 等。整个 Windows 产品系列的操作系统共享一个通用的应用程序架构和 Windows 商店的生态系统。

Windows 10 引入微软所描述的"通用 Windows 平台"（UWP），并对 Modern UI 风格的应用程序进行扩充。这些应用程序可以在多种设备上运行——包括 PC、平板电脑、智能手机、嵌入式系统、Xbox One、Surface Hub 及 HoloLens 全息设备。微软还为 Windows 10 设计一个新的"开始"菜单，其中包含 Windows 7 的传统"开始"菜单元素与 Windows 8/8.1 的磁贴。Windows 10 还引入一个虚拟桌面系统、一个称为任务视图的任务切换器、Microsoft Edge 浏览器，具有支持指纹和面部、虹膜识别登录、企业环境的新安全功能，以及 DirectX 12 和 WDDM 2.0，以提高操作系统的游戏图形功能。

微软将 Windows 10 变成一项服务，它将持续更新。截至 2016 年 8 月，Windows 10 的使用率正在增长，随之而来的是旧版本的 Windows 在总使用量中所占份额下降。根据 2018 年 2 月微软官方调查，Windows 10 占比为 43%，排名第一；第二是 Windows 7，占比为 42%；第三是 Windows 8.1，占比为 13%。

Windows 10 正式版本于 2015 年 7 月 29 日发行并开放给匹配条件的用户免费升级，不过 Windows 7、8 及 8.1 已于 UTC-10 的 2016 年 7 月 30 日零点关闭免费直接升级通道，而面向使用辅助技术的用户而设的 Windows 10 免费升级亦于 2017 年 12 月 31 日结束，之后升级就必须付费（曾经升级过 Windows 10 并获取数字许可的用户除外）。

项目 2

Windows 7 操作系统

操作系统是基本的系统软件,它是一组程序,负责管理和控制计算机的硬件资源、软件资源和数据资源。图形方式的窗口操作系统是用户和计算机之间的接口,已经成为计算机系统最重要的配置。本章主要介绍 Windows 7 操作系统相关内容。

本项目主要内容

- Windows 7 桌面的组成
- 桌面图标的设置及排列
- 任务栏、"开始"菜单、窗口的操作
- 个性化设置
- 快捷方式的建立
- 日期、时间和输入法的设置
- 资源管理器的使用
- 文件和文件夹的显示和排列
- 文件和文件夹的创建、重命名和删除
- 文件和文件夹的复制、剪切和移动
- 文件和文件夹的搜索

实训 1 Windows 7 基本操作

实训目的

(1)熟悉 Windows 7 的启动与退出。
(2)掌握 Windows 7 常用桌面图标和任务栏的基本操作。
(3)掌握"开始"菜单和窗口的操作。

（4）掌握个性化设置方法。

（5）掌握日期、时间和输入法的设置方法。

（6）熟悉压缩软件的安装和卸载。

▶ 实训要求

（1）能正确启动和关闭 Windows 7 系统。

（2）熟悉桌面图标、"开始"菜单、任务栏的功能及使用方法。

（3）熟悉窗口的基本操作。

（4）掌握主题、分辨率的调整方法。

（5）熟悉日期、时间、输入法的设置方法。

（6）掌握压缩软件的安装和卸载。

▶ 实训步骤

1. Windows 7 桌面的组成

按下主机箱上的电源开关，计算机开机并进行自检，自检无误后，自动加载 Windows 7 操作系统，出现 Windows 7 桌面。

Windows 7 启动完成后，观察并认识桌面的各组成部分，如图 2.1 所示。

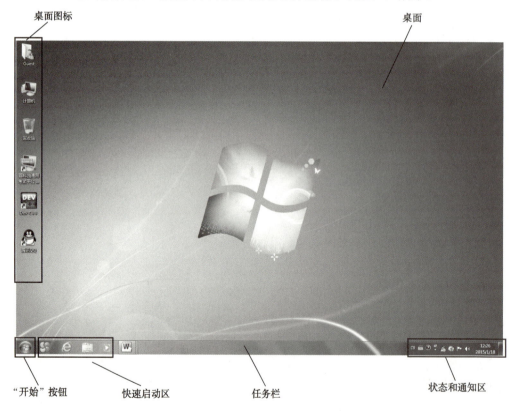

图 2.1　桌面的各组成部分

提示：

退出 Windows 7 时，必须先关闭所有正在运行的程序，然后选择"开始"→"关机"命令进行关机,不允许直接关闭电源,因为这样可能会导致数据丢失或者硬盘损坏。

2. 桌面图标的使用、设置及排列

1)使用图标打开相应窗口

(1)双击"计算机"图标,可打开资源管理器窗口。单击资源管理器窗口右上角的 ![x] 按钮,可将窗口关闭。

(2)双击"回收站"图标,可打开"回收站"窗口。单击"回收站"窗口右上角的 ![x] 按钮,可将窗口关闭。

2)在桌面上显示"控制面板"系统图标

(1)在桌面空白处右击,在弹出的快捷菜单中选择"个性化"命令,打开"个性化"窗口,如图 2.2 所示。

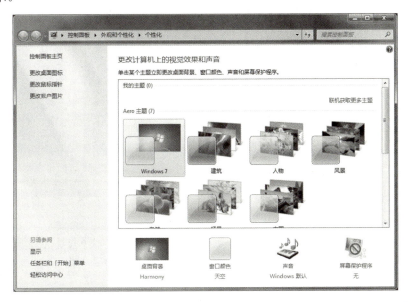

图 2.2 "个性化"窗口

(2)选择"个性化"窗口左上角的"更改桌面图标"选项,打开"桌面图标设置"对话框,如图 2.3 所示。

图 2.3 "桌面图标设置"对话框

（3）在"桌面图标设置"对话框中，选中"控制面板"复选框，单击"确定"按钮关闭对话框。

（4）单击"个性化"窗口右上角的  按钮，关闭窗口。

（5）可以在桌面上看到"控制面板"图标。

3）调整桌面图标的大小

在桌面空白处右击，在弹出的快捷菜单中选择"查看"→"大图标"/"中等图标"/"小图标"命令，如图 2.4 所示，可以将桌面图标设置为不同大小，如图 2.5 所示。

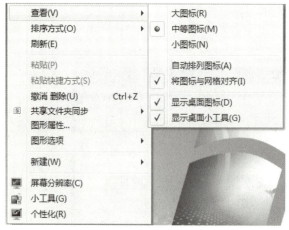

（a）大图标　（b）中等图标　（c）小图标

图 2.4　"查看"菜单　　　　　　　图 2.5　不同大小的图标

4）桌面图标的隐藏和还原

（1）在桌面空白处右击，在弹出的快捷菜单中选择"查看"→"显示桌面图标"命令，可以将桌面图标全部隐藏。

（2）再次在桌面空白处右击，在弹出的快捷菜单中选择"查看"→"显示桌面图标"命令，可以恢复桌面图标的显示。

5）图标的排列设置

（1）用鼠标将桌面上的"计算机"图标、"回收站"图标、"控制面板"图标拖离原来的位置，如图 2.6 所示。

（2）在桌面空白处右击，在弹出的快捷菜单中选择"排序方式"→"项目类型"命令，如图 2.7 所示，则桌面上的图标按项目类型排列整齐，如图 2.8 所示。

图 2.6　打乱排列的图标　　　图 2.7　排列图标快捷菜单　　　图 2.8　按项目类型排好的图标

3. "开始"菜单的操作

1)"开始"菜单的组成

(1) 单击"开始"按钮,打开"开始"菜单。

(2) 观察"开始"菜单的组成:左侧窗格是常用程序的快捷启动项,用于程序的快速启动;左下方是搜索框,用于在计算机上查找程序和文件;右侧窗格提供对常用文件夹、文件、设置和功能的访问。

2)从"开始"菜单打开文字处理程序 Word

(1) 选择"开始"→"所有程序"→Microsoft Office→Microsoft Word 2010 命令,打开 Word 应用程序窗口。

(2) 单击 Word 程序窗口右上角的 ![x] 按钮,关闭程序。

3)将常用程序锁定到"开始"菜单中

(1) 单击"开始"按钮,打开"开始"菜单。

(2) 将鼠标指针指向"计算器"程序,右击,在弹出的快捷菜单中选择"附到「开始」菜单"命令,如图 2.9 所示。可以看到,"计算器"图标显示在"开始"菜单的顶端区域。

图 2.9 将"计算器"快捷方式附加到"开始"菜单

4)解锁程序项

(1) 单击"开始"按钮,打开"开始"菜单。

(2) 将鼠标指针指向"计算器"程序,右击,在弹出的快捷菜单中选择"从「开始」菜单解锁"命令,如图 2.10 所示。

5)自定义"开始"菜单

(1) 右击"开始"按钮,在弹出的快捷菜单中选择"属性"命令,打开"任务栏和「开始」菜单属性"对话框,如图 2.11 所示。

(2) 选择"「开始」菜单"选项卡,取消选中"隐私"选项组中的"存储并显示最近在「开始」菜单中打开的程序"复选框,单击"确定"按钮,则"开始"菜单中不会再显示常用程序。

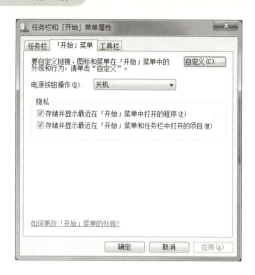

图 2.10　将"计算器"程序从"开始"菜单解锁　　图 2.11　"任务栏和「开始」菜单属性"对话框

(3) 单击"开始"按钮,打开"开始"菜单,注意观察鼠标指针指向菜单中的"计算机"程序后的反应。

(4) 右击"开始"按钮,在弹出的快捷菜单中选择"属性"命令,在打开的"任务栏和「开始」菜单属性"对话框中,单击"自定义"按钮,打开"自定义「开始」菜单"对话框。选中"计算机"选项组中的"显示为菜单"单选按钮,如图 2.12 所示,单击"确定"按钮退出,再单击"确定"按钮关闭对话框。

(5) 再次单击"开始"按钮,打开"开始"菜单,观察鼠标指针指向菜单中的"计算机"程序后的反应。自定义"开始"菜单前后效果对比如图 2.13 所示。

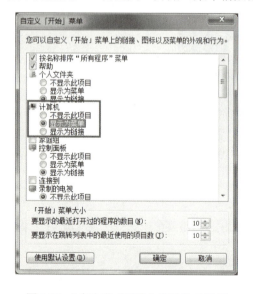
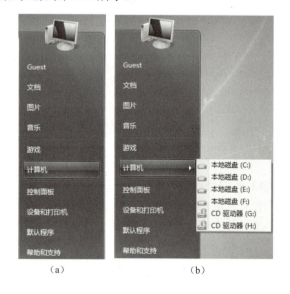

图 2.12　"自定义「开始」菜单"对话框　　图 2.13　自定义"开始"菜单前、后效果对比

4. 任务栏的操作

1) 任务栏的锁定和解除锁定

右击任务栏空白处,在弹出的快捷菜单中确认"锁定任务栏"项为未选中状态。如若为选

中状态，则单击该项，即可改变为未选中状态。

2）调整任务栏的高度和位置

(1) 将鼠标指针指向任务栏的上边界，鼠标指针将变成双向箭头，按住鼠标左键向上拖动，到达满意大小后，松开鼠标即可。

(2) 将鼠标指针指向任务栏的空白处，按住鼠标左键拖动，即可将任务栏拖到屏幕的上、下、左、右4个边上。

3）设置任务栏的自动隐藏

(1) 右击任务栏空白处，在弹出的快捷菜单中选择"属性"命令，打开"任务栏和「开始」菜单属性"对话框，如图2.14所示。

图2.14 "任务栏和「开始」菜单属性"对话框

(2) 在对话框中，选中"任务栏外观"选项组中的"自动隐藏任务栏"复选框，单击"确定"按钮关闭对话框。

(3) 观察：当鼠标指针没有指向桌面最下方时，任务栏自动隐藏，变成一根线；当鼠标指针指向桌面最下方时，任务栏又自动出现。

4）改变任务栏按钮的显示方式

(1) 单击任务栏最右端的小方块，显示桌面。

(2) 双击"计算机"图标和"回收站"图标，打开相应的窗口。

(3) 观察任务栏快速启动区中的资源管理器图标，如图2.15（a）所示。

(a) （b）

图2.15 "始终合并、隐藏标签"状态和"从不合并"状态下的任务栏

(4) 右击任务栏空白处，在弹出的快捷菜单中选择"属性"命令，打开"任务栏和「开始」菜单属性"对话框，在"任务栏按钮"下拉列表中选择"从不合并"选项，单击"确定"按钮关闭对话框。

（5）观察任务栏快速启动区中的资源管理器图标，其变为图 2.15（b）所示状态。体会这两种选项的含义。

（6）将任务栏状态还原成"始终合并、隐藏标签"状态。

5）在通知区域显示 U 盘图标

若计算机外接了移动设备，如 U 盘，则默认情况下，U 盘的图标处于隐藏状态。以下操作可以让 U 盘图标显示在通知区域。

（1）右击任务栏空白处，在弹出的快捷菜单中选择"属性"命令，打开"任务栏和「开始」菜单属性"对话框。

（2）在"任务栏和「开始」菜单属性"对话框中单击"自定义"按钮，如图 2.16 所示，打开"选择在任务栏上出现的图标和通知"窗口，如图 2.17 所示。

图 2.16　设置任务栏通知区域

图 2.17　"选择在任务栏上出现的图标和通知"窗口

(3)取消选中"始终在任务栏上显示所有图标和通知"复选框,单击列表框中"Windows 任务管理器"下拉按钮,选择"显示图标和通知"选项,并再次选中"始终在任务栏上显示所有图标和通知"复选框,如图 2.18 所示,单击"确定"按钮关闭对话框。

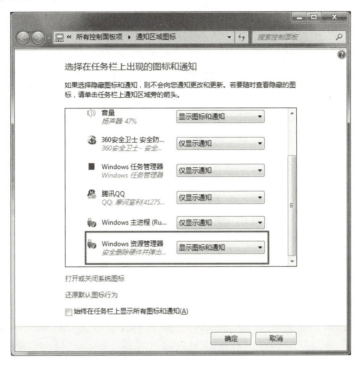

图 2.18　设置显示 U 盘图标

6)将程序锁定到任务栏

(1)选择"开始"→"所有程序"→"附件"→"画图"命令,打开"画图"应用程序。

(2)将鼠标指针移动到任务栏中"画图"对应的任务按钮上,右击,在弹出的快捷菜单中选择"将此程序锁定到任务栏"命令,如图 2.19 所示。

图 2.19　将程序锁定到任务栏

(3)关闭"画图"程序,可以发现,"画图"按钮仍然留在任务栏上,并且成为快速启动区的一部分,以后再需要启动"画图"程序,则可以单击任务栏上快速启动区中的"画图"按钮。

5．窗口的操作

1)窗口的最大化/还原、最小化/还原、关闭操作

(1)双击桌面上的"计算机"图标,打开资源管理器窗口。

(2)单击资源管理器窗口右上角的 ▬ 按钮,观察窗口最小化,在桌面上消失,只剩任务栏上的任务按钮。

(3)单击任务栏中的"资源管理器"任务按钮,将资源管理器窗口还原在桌面上。

（4）单击资源管理器窗口右上角的 ▫ 按钮，观察窗口最大化，充满整个屏幕，并且右上角 3 个按钮中间的一个变成"还原"按钮 ▫。单击"还原"按钮 ▫，观察窗口由最大化还原为原始大小。

（5）单击资源管理器窗口右上角的 ✕ 按钮，将窗口关闭。

2）调整窗口大小

（1）双击桌面上的"计算机"图标，打开资源管理器窗口。

（2）确认资源管理器窗口处于非最大化状态。将鼠标指针指向窗口边框，当鼠标指针变成上下或左右箭头时，按住鼠标左键拖动，则窗口在高度或宽度上产生变化。将鼠标指针指向窗口的任意一个角，当鼠标指针变成斜向箭头时，按住鼠标左键拖动，则窗口同时在高度和宽度上变化。

3）移动窗口位置

（1）确认资源管理器窗口处于非最大化状态。

（2）将鼠标指针指向资源管理器窗口上方的标题栏，按住鼠标左键拖动，则整个窗口随鼠标指针在桌面范围内到处移动，移动到满意的地方后，松开鼠标左键。

4）使用 Aero Snap 功能调整窗口

（1）单击资源管理器窗口后并拖动其标题栏至桌面的左/右边框，则窗口填满该侧桌面的半部。

（2）拖动资源管理器窗口至桌面上缘，则窗口放到最大。

（3）拖动最大化的资源管理器窗口标题栏，使其离开屏幕上缘，则窗口恢复原始大小。

（4）单击资源管理器窗口的边框并拖动至桌面上缘或下缘会使得窗口垂直放到最大，但宽度不变，逆向操作后则窗口会恢复原貌。

5）多窗口的切换

（1）确认资源管理器窗口未关闭，再双击桌面上的"回收站"图标，打开"回收站"窗口。

（2）仔细观察最后打开的"回收站"窗口和事先打开的资源管理器窗口叠放关系的不同，以及标题栏右侧"关闭"按钮颜色的不同，"回收站"窗口位于最前端，资源管理器窗口被遮在后面，并且"回收站"窗口的"关闭"按钮是红色的，表示"回收站"窗口是当前窗口。

（3）将鼠标指针移到资源管理器窗口的标题栏上并单击，则资源管理器窗口显示在最前端并且其"关闭"按钮变成红色。

（4）单击任务栏上对应的任务按钮，观察当前窗口的变化。

（5）按 Alt 键并重复按 Tab 键循环切换所有打开的窗口和桌面，释放 Alt 键可以显示所选窗口，如图 2.20 所示。

图 2.20　使用 Alt+Tab 组合键切换窗口

（6）使用 Aero 三维窗口切换。

按住 Windows 徽标键的同时按 Tab 键，打开 Aero 三维窗口，重复按 Tab 键或滚动鼠标滚轮，可循环切换打开的窗口。释放 Windows 徽标键，显示堆栈中最前面的窗口，或者单击堆栈中某个窗口的任意部分来显示该窗口，如图 2.21 所示。

图 2.21　使用 Aero 三维窗口切换

6）多窗口排列

当桌面上同时打开多个窗口时，可以对窗口进行排列。排列方式有 3 种：层叠、堆叠和并排。

（1）在任务栏空白处右击，在弹出的快捷菜单中可选择排列方式，如图 2.22 所示。

图 2.22　对窗口进行排列的快捷菜单

（2）选择"层叠窗口"命令，层叠窗口的效果如图 2.23 所示。

图 2.23　层叠窗口的效果

(3)选择"堆叠显示窗口"命令,堆叠显示窗口的效果如图 2.24 所示。

图 2.24 堆叠显示窗口的效果

(4)选择"并排显示窗口"命令,并排显示窗口的效果如图 2.25 所示。

图 2.25 并排显示窗口的效果

6. 个性化设置

关闭桌面上所有窗口。在桌面空白处右击,在弹出的快捷菜单中选择"个性化"命令,打开"个性化"窗口。

1)设置桌面主题

选择桌面主题为"Aero 主题"的"风景",观察桌面主题的变化,如图 2.26 所示。

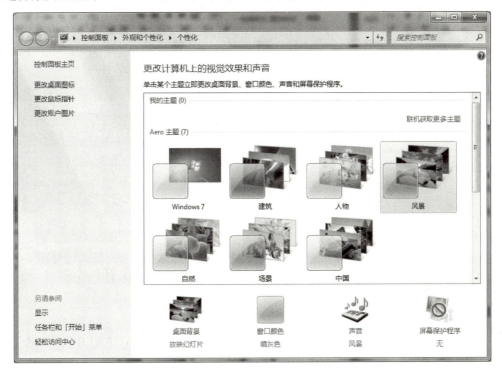

图 2.26 "个性化"窗口

提示:每种主题都包含桌面背景、窗口颜色、声音和屏幕保护程序 4 个子项的设置。

2)设置桌面背景

单击"个性化"窗口下方的"桌面背景"按钮,打开"桌面背景"窗口,选择"自然"组中的所有图片,设置"更改图片时间间隔"为 10 分钟,选中"无序放映"复选框,单击"保存修改"按钮退出。

3)设置窗口颜色

单击"个性化"窗口下方的"窗口颜色"按钮,打开"窗口颜色和外观"窗口。选择一种窗口的颜色,如"浅绿色",观察窗口边框颜色的变化(从原来的暗灰色变为了浅绿色),最后单击"保存修改"按钮退出。

4)设置屏幕保护程序

设置屏幕保护程序为三维文字,屏幕保护等待时间为 5 分钟。

(1)单击"个性化"窗口下方的"屏幕保护程序"按钮,打开"屏幕保护程序设置"对话框,如图 2.27 所示,在"屏幕保护程序"下拉列表中选择"三维文字"选项,将等待时间设置为 5 分钟,然后单击"设置"按钮。

(2)打开"三维文字设置"对话框,在"自定义文字"文本框中输入"休息一下",然后单击"选择字体"按钮,选择需要的字体,单击"确定"按钮退出。

(3)如果希望在退出屏保程序时询问密码,则可在"屏幕保护程序设置"对话框中选中"在恢复时显示登录屏幕"复选框。

 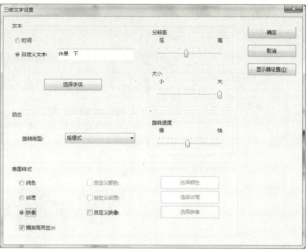

图 2.27　设置屏幕保护程序

至此，个性化设置完成，原主题已发生变化，如需要保存这些改变，则可以使用"个性化"窗口中的"保存主题"选项进行保存，保存之后，关闭"个性化"窗口。

7. 屏幕分辨率及窗口外观调整

1）更改屏幕分辨率

在桌面空白处右击，在弹出的快捷菜单中选择"屏幕分辨率"命令，在打开的"屏幕分辨率"窗口中，单击"分辨率"下拉按钮，设置屏幕分辨率为 1280×800 像素，然后单击"应用"按钮。

2）设置窗口显示字体

在"屏幕分辨率"窗口中，选择"放大或缩小文本和其他项目"选项，在打开的"显示"窗口中，选中"较大-150%"单选按钮，然后单击"应用"按钮即可。该设置生效后，会发现窗口字体的大小发生了改变。

8. 创建桌面快捷图标

右击桌面空白处，在弹出的快捷菜单中选择"新建"→"快捷方式"命令，打开"创建快捷方式"对话框，在"请键入对象的位置"文本框中输入 mspaint.exe 文件的路径"C:\Windows\System32\mspaint.exe"（或通过"浏览"按钮选择），单击"下一步"按钮，在"键入该快捷方式的名称"文本框中输入"画图"，再单击"完成"按钮即可，如图 2.28 所示。

图 2.28　创建快捷方式

9. 设置日期和时间

单击任务栏右侧的时间区，在打开的面板下方选择"更改日期和时间设置"选项，在随后出现的"日期和时间"对话框中单击"更改日期和时间"按钮，打开图 2.29 所示的"日期和时间设置"对话框，在其中更改日期和时间即可。

图 2.29　"日期和时间设置"对话框

10. 输入法的添加与删除

（1）选择"开始"→"控制面板"命令，在打开的"控制面板"窗口中单击"时钟、语言和区域"按钮，打开"时钟、语言和区域"窗口，选择"更改键盘或其他输入法"选项，打开"区域和语言"对话框，单击"更改键盘"按钮，打开"文本服务和输入语言"对话框，如图 2.30 所示。

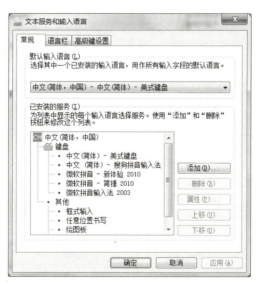

图 2.30　"文本服务和输入语言"对话框

（2）在"文本服务和输入语言"对话框中，单击"添加"按钮，在打开的"添加输入语言"对话框中选择需要的输入法，单击"确定"按钮即可完成输入法的添加。

（3）删除输入法的操作类似，只是在"文本服务和输入语言"对话框中选择需要删除的输入法,单击"删除"按钮即可。

11. 压缩软件的安装和卸载

压缩软件是为了解决早期计算机储存空间不足而设计的。文件被压缩后使用的存储空间会比较少,传输起来也要比未压缩时快,但压缩后文件编码被改变,要想重新对原文件进行编辑更改,必须对其解压缩。所有的压缩软件同时具备压缩和解压缩的功能。压缩软件属于应用程序,使用前必须进行安装,不用了需要卸载,以腾出磁盘空间。

常用的压缩软件很多,如 360 压缩、WinRAR、快压、Zip、7-Zip 等,安装和卸载的方法大同小异。下面以 360 压缩软件为例进行说明。

压缩软件的安装步骤如下。

(1) 双击事先准备好的 360 压缩软件安装包,进入其安装界面,如图 2.31 所示。

图 2.31 360 压缩软件的安装界面

(2) 选中左下角的"阅读并同意"复选框,单击"立即安装"按钮。

(3) 安装进度条走完以后即完成安装,桌面上会多出一个 360 压缩软件快捷方式图标。

不再需要该压缩软件时要进行卸载,卸载步骤如下。

(1) 打开控制面板,在"查看方式"下拉列表中选择"大图标"选项,如图 2.32 所示。

图 2.32 控制面板

（2）单击"程序和功能"按钮，打开"程序和功能"窗口，找到并选中"360压缩"程序，单击窗口上方的"卸载或更改"按钮，如图 2.33 所示。

图 2.33　卸载程序

（3）在打开的"360压缩 卸载"窗口中选中"我要直接卸载 360 压缩"单选按钮，单击"立即卸载"按钮，如图 2.34 所示。

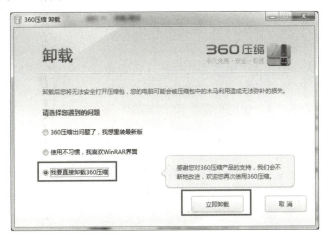

图 2.34　开始卸载

（4）卸载进度条走完后即完成卸载。

实训 2　Windows 7 文件管理

实训目的

（1）熟悉资源管理器的打开与关闭。

（2）掌握使用资源管理器对文件和文件夹进行操作和管理的方法。

（3）掌握复制、移动和粘贴的方法。

实训要求

（1）熟练打开与关闭资源管理器。

（2）熟练使用资源管理器对文件和文件夹进行操作，包括文件和文件夹的建立、重命名、复制、移动、删除，以及文件属性的设置等。

（3）熟悉回收站的操作。

（4）掌握使用资源管理器进行文件检索的方法。

（5）掌握文件压缩和解压缩的方法。

（6）掌握 U 盘格式化的方法。

实训步骤

1. 打开资源管理器

双击桌面上的"计算机"图标，打开资源管理器。

提示：

资源管理器的启动方法还有以下几种。

（1）选择"开始"→"所有程序"→"附件"→"Windows 资源管理器"命令。

（2）右击"开始"按钮，在弹出的快捷菜单中选择"打开 Windows 资源管理器"命令。

（3）按 Windows 徽标键和 E 键。

2. 改变文件和文件夹的显示方式、排序方式

1）改变文件和文件夹的显示方式

在资源管理器中单击右上方"更改您的视图"下拉按钮，如图 2.35 所示，或在资源管理器右窗格空白处右击，在弹出的快捷菜单中选择"查看"→"超大图标"/"大图标"/"中等图标"/"小图标"/"列表"/"详细信息"/"平铺"/"内容"等命令，可以改变文件和文件夹的显示方式。

图 2.35　改变文件和文件夹的显示方式

2）改变文件和文件夹的排序方式

（1）在资源管理器右窗格中双击"本地磁盘（C:）"，进入 C 盘列表。

（2）在资源管理器右窗格空白处右击，在弹出的快捷菜单中选择"排序方式"→"名称"/"大小"/"类型"等命令，可以改变文件和文件夹的排序方式，如图2.36所示。

图2.36　改变文件和文件夹的排序方式

3. 文件和文件夹的选择与取消选择

（1）单个文件或文件夹的选择与取消选择。保持资源管理器右窗格以详细信息显示的方式，单击任意一个文件或文件夹，该文件或文件夹变为蓝色，则表示已选中，如图2.37所示。

图2.37　选择单个文件或文件夹

在资源管理器窗口空白处单击，即可取消刚才的选择。

（2）全部文件或文件夹的选择与取消选择。单击"组织"下拉按钮，选择"全选"选项，可将右窗格中的所有文件和文件夹一次性全部选定，如图2.38所示。

在资源管理器窗口空白处单击，即可取消刚才的选择。

（3）多个连续文件或文件夹的选择与取消选择。在右窗格中单击一个文件或文件夹，然后按住Shift键不放，再单击另一个文件或文件夹，则这两次单击之间的文件或文件夹都被选中，如图2.39所示。

图 2.38　选择全部文件或文件夹

图 2.39　选择多个连续文件或文件夹

在资源管理器窗口空白处单击,即可取消刚才的选择。

(4)多个不连续文件或文件夹的选择与取消选择。在右侧窗格中单击一个文件或文件夹,然后按住 **Ctrl** 键不放,再单击其他文件或文件夹,则所有被单击的文件或文件夹都被选中,如图 2.40 所示。

在资源管理器窗口空白处单击,即可取消刚才的选择。

4.文件和文件夹的基本操作

完成如下操作。

(1)建立图 2.41 所示文件夹结构。

(2)把"备注.txt"文件和"课表.docx"文件复制到"课件"文件夹中。

(3)把"课件"文件夹重命名为"上课资料"。

图 2.40　选择多个不连续文件或文件夹

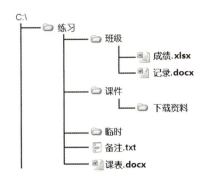

图 2.41　操作文件夹结构

（4）把"备注.txt"文件和"课表.docx"文件移动到"临时"文件夹中。

（5）删除"临时"文件夹。

（6）恢复被删除的"临时"文件夹。

1）文件和文件夹的创建和重命名

（1）在资源管理器窗口左窗格中单击"本地磁盘（C:)"，C 盘根目录下的所有内容出现在右窗格中。

（2）在右窗格空白处右击，在弹出的快捷菜单中选择"新建"→"文件夹"命令，如图 2.42 所示。

（3）在资源管理器窗口的右窗格中出现一个新文件夹，默认的名称是"新建文件夹"，并且名字呈选中状态，后面有光标在闪动。

（4）打开汉字输入法，输入"练习"两字，按 Enter 键，完成文件夹的创建，如图 2.43 所示。

图 2.42　在 C 盘根目录下新建文件夹

图 2.43　在 C 盘根目录下建立"练习"文件夹

（5）在右窗格中双击"练习"文件夹，进入"练习"文件夹，重复步骤（2）～步骤（4），建立"班级""课件""临时"文件夹，如图 2.44 所示。

（6）在右窗格空白处右击，在弹出的快捷菜单中选择"新建"→"文本文档"命令，右窗格中出现一个新文件，默认的名称是"新建文本文档.txt"，并且名字呈选中状态，后面有光标在闪动。打开汉字输入法，输入"备注"，按 Enter 键，完成文本文件的创建。

（7）在右窗格空白处右击，在弹出的快捷菜单中选择"新建"→"Microsoft Word 文档"命令，右窗格中出现一个新文件，默认的名称是"新建 Microsoft Word 文档.docx"，并且名字呈选中状态，后面有光标在闪动。打开汉字输入法，输入"课表"，按 Enter 键，完成文档文件的创建。创建结果如图 2.45 所示。

图 2.44 建立好的第一层文件夹

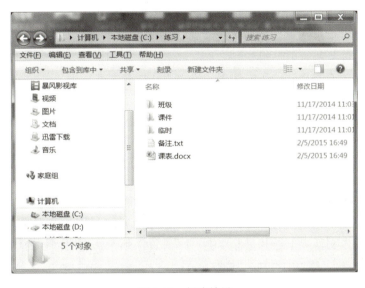

图 2.45 创建结果

（8）在右窗格中双击"班级"文件夹，进入"班级"文件夹。

（9）在右窗格空白处右击，在弹出的快捷菜单中选择"新建"→"Microsoft Excel 工作表"命令，右窗格中出现一个新文件，默认的名称是"新建 Microsoft Excel 工作表.xlsx"，并且名字呈选中状态，后面有光标在闪动。打开汉字输入法，输入"成绩"，按 Enter 键，完成工作表文件的创建。

（10）重复步骤（9）建立"记录.docx"文件，如图 2.46 所示。

（11）单击资源管理器窗口左上角的"返回"按钮，返回"练习"文件夹。

（12）在右窗格中双击"课件"文件夹，进入"课件"文件夹。

（13）在右窗格空白处右击，在弹出的快捷菜单中选择"新建"→"文件夹"命令，创建"下载资料"文件夹。

图 2.46　完成"记录.docx"文件的创建

至此，图 2.41 所示的文件结构创建完毕。

2）文件和文件夹的复制、剪切、移动

（1）单击资源管理器窗口上方地址栏中的"练习"，进入"练习"文件夹。

（2）按住鼠标左键框选"备注.txt"文件和"课表.docx"文件，将它们选中，按 Ctrl+C 组合键，将这两个文件复制到剪贴板。

（3）在右窗格中双击"课件"文件夹，进入"课件"文件夹。

（4）在右窗格空白处右击，在弹出的快捷菜单中选择"粘贴"命令，将原位于"练习"文件夹中的两个文件复制到"课件"文件夹。

（5）单击资源管理器窗口上方地址栏中的"练习"，进入"练习"文件夹。

（6）在右窗格中右击"课件"文件夹，在弹出的快捷菜单中选择"重命名"命令，原来的文件夹名变成可编辑状态。打开输入法，输入"上课资料"，并按 Enter 键，完成文件夹的重命名。

（7）单击资源管理器窗口上方地址栏中的"练习"，进入"练习"文件夹。

（8）按住鼠标左键框选"备注.txt"文件和"课表.docx"文件，按住鼠标左键不放，移动鼠标指针至"临时"文件夹上松开鼠标左键，如图 2.47 所示，完成文件的移动。

图 2.47　移动文件至"临时"文件夹

3)文件和文件夹的删除与恢复

(1)在右窗格中右击"临时"文件夹,在弹出的快捷菜单中选择"删除"命令,在随后出现的"删除文件夹"对话框中单击"是"按钮,完成文件夹的删除。

(2)单击任务栏最右端的方块,显示桌面,双击"回收站"图标,打开"回收站"窗口,找到其中的"临时"文件夹,右击,在弹出的快捷菜单中选择"还原"命令,则"临时"文件夹在"回收站"窗口中消失,然后单击任务栏中的资源管理器任务按钮将资源管理器窗口还原,可以发现"临时"文件夹又出现在了"练习"文件夹中。

提示:

"回收站"是一个特殊的文件夹,默认在每个硬盘分区根目录下的 RECYCLER 文件夹中,而且是隐藏的。当用户将硬盘上的文件或文件夹删除后,实质上就是把它们放到了这个文件夹,仍然占用磁盘空间。只有在回收站里删除或清空回收站才能真正地删除文件,为计算机获得更多地磁盘空间。"回收站"的操作除了还原之外还有清空和删除。

(1)右击"回收站"图标,在弹出的快捷菜单中选择"清空回收站"命令,在打开的确认删除对话框中单击"是"按钮,可以将回收站中的全部内容删除,腾出磁盘空间。

(2)选择回收站中的某个项目,右击,在弹出的快捷菜单中选择"删除"命令,可以将所选项目彻底删除。

5. 查看并设置文件和文件夹的属性

(1)在右窗格中右击"班级"文件夹,在弹出的快捷菜单中选择"属性"命令,打开属性对话框,在"常规"选项卡中可以看到"班级"文件夹的类型、位置、大小、占用空间、包含的文件夹及文件数、创建时间、属性等信息,如图 2.48 所示。

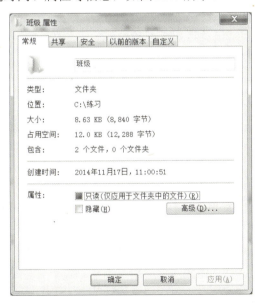

图 2.48 文件/文件夹属性对话框

(2)取消选中"只读"复选框,即取消"班级"文件夹的只读属性;选中"隐藏"复选框,使"班级"文件夹成为隐藏文件夹,单击"确定"按钮。在随后出现的"确认属性更改"对话框中选中"将更改应用于此文件夹、子文件夹和文件"单选按钮,如图 2.49 所示,单击"确定"按钮关闭对话框。

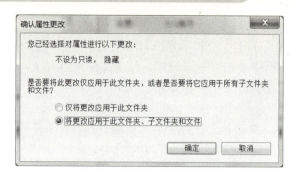

图 2.49 "确认属性更改"对话框

（3）观察资源管理器窗口，"班级"文件夹消失。

6. 控制窗口内显示/不显示隐藏文件（夹）

（1）单击资源管理器窗口左上方的"组织"下拉按钮，选择"布局"→"菜单栏"选项（见图 2.50），则窗口上方地址栏下方出现菜单栏。

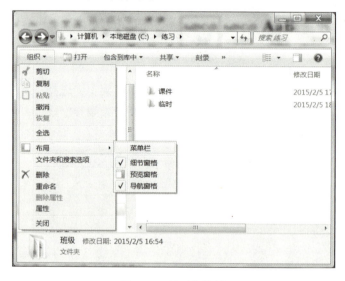

图 2.50 显示菜单栏

（2）选择"工具"→"文件夹选项"选项，打开"文件夹选项"对话框。

（3）在"文件夹选项"对话框中选择"查看"选项卡，在"高级设置"列表框中选中"隐藏文件和文件夹"→"显示隐藏的文件、文件夹和驱动器"单选按钮，如图 2.51 所示，单击"确定"按钮关闭对话框。

（4）观察资源管理器窗口，"班级"文件夹再次出现，但其图标为浅灰色，表示"班级"文件夹为隐藏文件夹。

（5）再次打开"属性"对话框，取消"班级"文件夹的隐藏属性。

7. 使用资源管理器检索文件

在使用计算机时，我们可能会忘记某个文件在系统中存放的位置，而挨个查找很麻烦，这时利用文件搜索功能可以很快地找到所需的文件或文件夹。

（1）双击桌面上的"计算机"图标，打开资源管理器窗口，其右上角有一个搜索框，如图 2.52 所示。

项目2　Windows 7操作系统

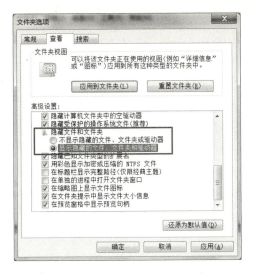

图 2.51　"文件夹选项"对话框

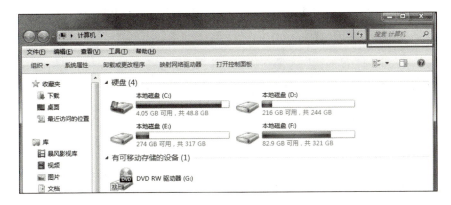

图 2.52　文件搜索框

（2）在搜索框中输入"jpg"并按 Enter 键，资源管理器窗口以当前设定的显示方式显示当前目录下的搜索结果，如图 2.53 所示。

图 2.53　搜索文件并列表显示

例如，在图 2.41 所示结构中，查找 C:\练习文件夹下面的所有.docx 文件，可按以下步骤操作。

37

(1)双击桌面"计算机"图标打开资源管理器。

(2)在窗口上方地址栏中输入"C:\练习"并按 Enter 键,定位当前目录,如图 2.54 所示。

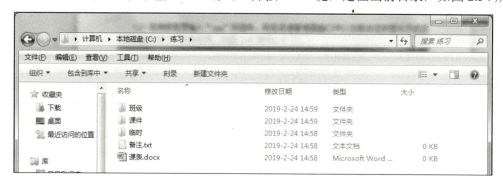

图 2.54　定位当前目录

(3)在右上角的搜索框中输入"docx"并按 Enter 键,搜索结果,如图 2.55 所示。

图 2.55　搜索结果并列表显示

8. 对文件进行压缩和解压缩

(1)选择 C:\练习文件夹下的文件"课表.docx",右击文件,在弹出的快捷菜单中选择"添加到'课表.zip'"命令,如图 2.56 所示。

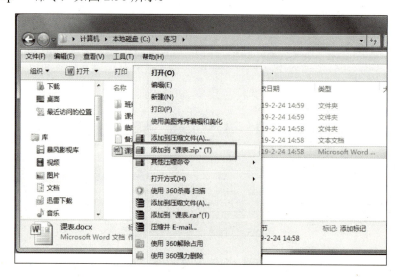

图 2.56　压缩文件

(2)进度条执行完后,原文件所在目录中多出一个压缩文件"课表.zip"。

(3)需要解压时,右击"课表.zip",在弹出的快捷菜单中选择"解压到当前文件夹"命令,解压缩的结果将存放在当前文件夹中;选择"解压到课表\"命令,将在当前文件夹中自动创建一个与压缩包同名的文件夹,解压结果将放置在该文件夹中,如图2.57所示。

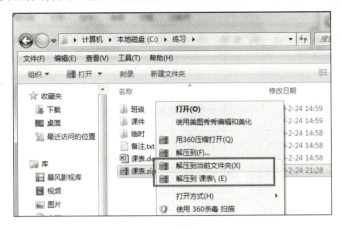

图 2.57　解压缩

9. 格式化 U 盘

(1)将 U 盘插入机箱的 USB 口,双击"计算机"图标打开资源管理器,在左窗格中右击"U 盘",在弹出的快捷菜单中选择"格式化"命令,如图 2.58 所示。

(2)在打开的"格式化 U 盘"对话框中,单击"文件系统"下拉按钮,选择"exFAT"选项,单击"开始"按钮,如图 2.59 所示。

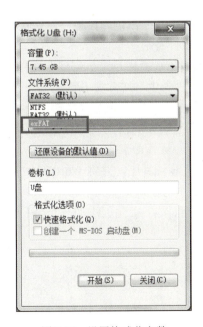

图 2.58　选择"格式化"命令　　　　图 2.59　设置格式化参数

(3)在弹出的警告框中单击"确定"按钮,开始格式化,如图 2.60 所示。

(4)进度条走完后,即完成 U 盘格式化,单击"关闭"按钮关闭对话框。

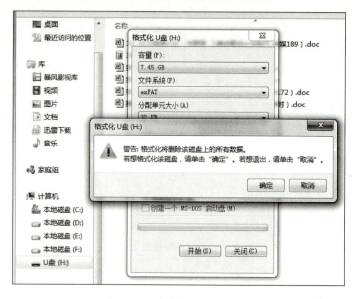

图 2.60　格式化警告对话框

综合练习题

1. 将桌面上的"计算机"图标放置到桌面的右上角。
2. 将系统时间设置为 2021 年 10 月 2 日，上午 8:30:00。
3. 将屏幕保护程序设置为"变幻线"，等待时间设置为 3 分钟。
4. 将画图程序锁定到任务栏，并将画图程序附到"开始"菜单的常用程序列表中。
5. 隐藏任务栏。
6. （1）在 C 盘根目录下创建新文件夹，命名为"考生"。
（2）在"考生"文件夹下新建 2 个子文件夹"WEB"和"MAIL"。
（3）在"考生"文件夹中 WEB 文件夹下新建一个文本文件，命名为"a.txt"。
（4）将"考生"文件夹中 WEB 文件夹中的文件 a.txt 移动到"考生"文件夹下 MAIL 文件夹中，并将 a.txt 重命名为 b.txt。
7. 打开画图程序，并将 Word 2010 中的字体对话框截屏到画图程序中，将文档以 111.jpg 为名保存到"考生"文件夹中。
8. 在桌面的右上角处添加一个时钟小工具，更改时钟样式为第 6 种样式。

项目 3 文字处理软件 Word

文字处理是对文字信息进行加工处理的过程。计算机文字处理是利用计算机在某种文档处理软件中新建文档、编辑内容、保存文件，并进行排版、美化等操作，按需要的格式输出的过程。Microsoft Word 2010 属于文字处理软件之一。在 Word 中，用户可以很方便地创建和编辑诸如论文、申请、红头文件等具有专业外观的文档。

本项目主要内容

- 新建、保存、关闭、打开文档
- 插入特殊符号
- 查找和替换操作
- 复制、移动操作
- 字体格式设置
- 段落格式设置
- 表格处理
- 图文混排
- 页面设置和分栏设置
- 长文档处理
- 邮件合并

实训 1 基本操作

实训目的

（1）掌握新建 Word 文档的方法。
（2）掌握文字编辑的基本操作。

（3）掌握保存文档、打开文档的操作方法。
（4）熟悉查找、替换操作。
（5）掌握移动、复制文本的操作方法。
（6）掌握关闭和退出 Word 的方法。

实训要求

（1）能启动 Word 软件，正确新建、编辑、保存及打开 Word 文档。
（2）正确认识 Word 文档的其他格式。
（3）能在 Word 文档中按要求进行移动、复制、查找、替换操作。
（4）能正确设置页面背景。
（5）能正常关闭、退出 Word 应用程序。

实训步骤

1. 启动 Word 应用程序

选择"开始"→"所有程序"→Microsoft Office→Microsoft Word 2010 命令，启动 Word 应用程序，如图 3.1 所示。

图 3.1　启动 Word 应用程序

提示：
也可以采用以下方法启动 Word 应用程序。
（1）利用快捷方式图标启动 Word。如果桌面上有 Word 的快捷方式图标，则双击该图标即可启动 Word。
（2）通过打开 Word 文档启动 Word。利用资源管理器或"计算机"找到要打开的 Word 文档，双击该 Word 文档图标，或右击该图标，在弹出的快捷菜单中选择"打开"命令，即可启动 Word，同时打开此文档。

2. 新建 Word 文档

启动 Word，系统自动创建一个默认的名为"文档1"的空白文档，如图 3.2 所示。如果用户需要创建的新文档不是普通文档而是一些特殊文档，如简历、备忘录、信函或传真等，则可使用 Word 提供的模板来创建新文档。

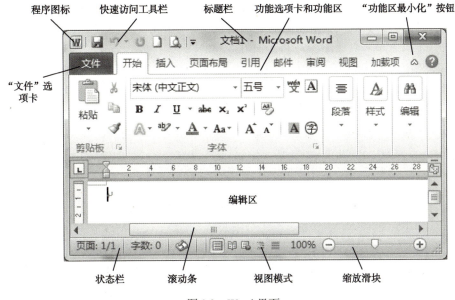

图 3.2　Word 界面

提示：

也可以采用以下方法新建 Word 文档。

（1）选择"文件"选项卡→"新建"命令，选择"空白文档"选项，单击"创建"按钮。

（2）单击快速访问工具栏中的"新建"按钮，或按 Ctrl+N 组合键，新建一个默认的空白文档。

3. 输入 Word 文档

在空白文档中输入下面的内容。在输入的过程中，注意中文标点的处理。

虽然直到 9 月中旬微软才正式发出邀请函，宣布于 10 月 25 日在美国纽约发布其全新一代的操作系统 Windows 8（同时 Windows RT（ARM 版）也一同发布），但是相信许多心急的网友朋友们已经通过微软之前放出的各个版本体验到了 Windows 8 给我们带来的各种不同。Windows 8 作为微软一款具有革命性变化的操作系统，不仅在视觉上给我们带来了全新的体验，而且在功能、操作习惯等方面的变化也成为广大网友朋友们所谈论的焦点。

Windows 8 如何安装到计算机？

答：在我们的 PC 上安装 X86 版 Windows 8 与之前我们所熟知的系统安装基本一致，有这样几种方法：①将下载的镜像文件刻录到光盘中，通过光盘进行安装；②将下载的镜像文件制作成启动 U 盘，通过 U 盘安装；③还是利用下载好的镜像文件，通过虚拟机安装。此外，我们还可以在已有的 Windows 7 系统上直接升级 Windows 8 来进行安装。

之前的应用程序对 Windows 8 兼容性如何？

答：就像早前 Windows 7 发布之初一样，绝大部分应用程序均可在 Windows 8 上运行，只有一小部分软件会出现 Bug，但相信随着新系统的普及，这些问题也都会逐步消失。当然，我们这里所说的兼容性仅仅是指 X86 架构环境下的应用。而对 ARM 版的 Windows 8 RT 来说，它是无法兼容普通 X86 软件的。

Windows 8 最重要的功能是什么？与 Windows 7 最大的区别在哪？

答：全新的 Windows 8 基本上是从现有的 Windows 7 系统基础上升级而来的，使用中的上手度较高。而对普通用户来说，其最大的特点则是整合了"开始"菜单，由原先的列表式变成了一个页面，不仅更加有利于触摸应用，而且在体验上也有着与之前截然不同的改变。此外，Windows 8 除了在界面、细节等方面的变化以外，还更加强调了"云"概念的应用，通过 Microsoft 账户，可以让计算机真正成为用户的个性化计算机等。

Windows 8 各版本类型有哪些？

答：与 Windows 7 一样，Windows 8 细分出了各种不同版本类型，如 Windows 8 家庭高级版、Windows 8 专业版、Windows 8 专业+版以及 Windows 8 旗舰版等，大家可以根据不同的需要来进行选择。我们下面总结出了 Windows 8 的几个大的分类。

Windows 8 核心版

一般称为 Windows 8，适用于台式机、笔记本用户以及普通家庭用户。对普通用户来讲，Windows 8 就是最佳选择。该版本包括全新的 Windows 商店、Windows 资源管理器、任务管理器等，同时包含以前仅在企业版/旗舰版中才提供的功能服务。针对中国等新兴市场，微软将提供本地语言版 Win8，即 Win8 中文版。

Windows 8 专业版

一般称为 Windows 8 Pro，面向技术爱好者和企业/技术人员，内置一系列 Windows 8 增强的技术，包括加密、虚拟化、PC 管理和域名连接等。

Windows 8 企业版

包括 Windows 8 专业版的所有功能，另外为了满足企业的需求，Windows 8 企业版还增加了 PC 管理和部署、虚拟化等功能，具有先进的安全性。

Windows 8 RT

专门为 ARM 架构设计，无法单独购买，只能预装在采用 ARM 架构处理器的 PC 和平板电脑中。Windows RT 无法兼容 X86 软件，但附带专为触摸屏设计的微软 Word、Excel、PowerPoint 和 OneNote。

4. 保存 Word 文档

（1）打开保存对话框。选择"文件"选项卡→"保存"命令，或者单击快速访问工具栏中的"保存"按钮，打开图 3.3 所示的"另存为"对话框。

（2）选择保存位置：C 盘。在 Word 中，文档的默认保存位置是"文档库"，在导航窗格的"计算机"选项组中选择"本地磁盘 C:"，将文档存放在 C 盘的根文件夹下。

（3）使用姓名作为该 Word 文档的文件名进行保存。在"文件名"文本框中将保存的文档名改为用户的姓名，这里保存的文档名是"张三.docx"。

（4）保存。单击"保存"按钮，即将刚才输入的内容使用指定的文件名保存了。

图 3.3 "另存为"对话框

（5）退出 Word 应用程序。保存完毕后，单击 Word 窗口中的 ![x] 按钮，或者选择"文件"选项卡→"退出"命令退出 Word 应用程序。

也可以采用以下方法退出 Word 应用程序：单击任务栏中的 Word 图标，关闭想要关闭的文档；或按 Alt＋F4 组合键；或双击 Word 2010 标题栏左侧的程序图标。

提示：

Word 新建文件的默认保存类型扩展名为 docx。为了保证以后在编辑文档的过程中能够随时随地保存文件内容，用户可以在图 3.4 所示的"Word 选项"对话框的"保存"选项卡中选中"保存自动恢复信息时间间隔"复选框，这样就可以调整自动恢复文档的时间间隔。

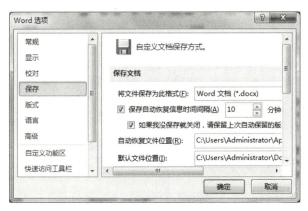

图 3.4 "Word 选项"对话框

5. 打开并修改已保存的 Word 文档

1) 打开已保存的 Word 文档

（1）再次启动 Word 程序，选择"文件"选项卡→"打开"命令，或者按 Ctrl+O 组合键，打开图 3.5 所示的"打开"对话框。

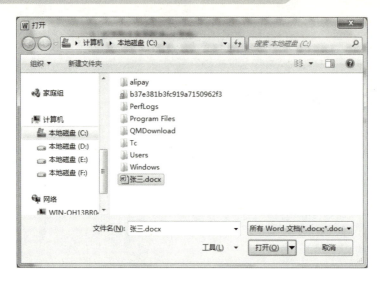

图 3.5 "打开"对话框

（2）在导航窗格的"计算机"选项组中选择刚才保存文档的位置（C 盘），并找到文档（这里保存的是"张三.docx"），最后单击"打开"按钮将该文档打开。

提示：

在"文件"选项卡中，选择"最近所用文件"命令，在列出的文档名称中，根据需要选择相应的文档名就可以打开相应的 Word 文档。

2）为文档添加文章标题"Windows 8 热点问题"

（1）按 Ctrl+Home 组合键，将插入点定位到文档的最开始处，按 Enter 键，产生一个新的段落。

（2）按向上方向键↑，将插入点定位到上面刚刚产生的段落标记前，输入该文章的标题"Windows 8 热点问题"。添加标题后的效果如图 3.6 所示。

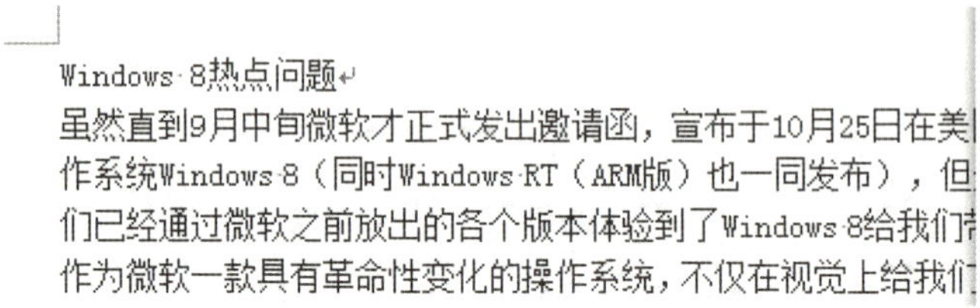

图 3.6 添加标题后的效果

3）移动、复制操作

在 Word 中，每个段落都有自己的"段落标记"，"段落标记"在段落的结尾处。

（1）移动操作。将文档中的第五、六自然段，移动到该文档的最后，使其成为新的段落。

① 选中第五、六自然段，单击"开始"选项卡→"剪贴板"分组→"剪切"按钮，或直接按 Ctrl+X 组合键，将选定的内容存放到剪贴板上。

② 按 Ctrl+End 组合键，将插入点移动到文档末尾，再按 Enter 键，产生一个新的段落。

③ 在新段落处，单击"开始"选项卡→"剪贴板"分组→"粘贴"按钮，或直接按 Ctrl+V 组合键，将刚刚存放在剪贴板中的内容粘贴到此处，移动操作完成。

④ 保存文档。

（2）复制操作。将第二自然段中的一部分内容复制到文档的最后。

① 选中第二自然段中的"Windows 8 作为微软一款具有革命性变化的操作系统，不仅在视觉上给我们带来了全新的体验，而且在功能、操作习惯等方面的变化也成为广大网友朋友们所谈论的焦点。"，然后单击"开始"选项卡→"剪贴板"分组→"复制"按钮，或直接按 Ctrl+C 组合键，将选定的内容复制到剪贴板上。

② 按 Ctrl+End 组合键，将插入点移动到文档末尾，再按 Enter 键，产生一个新的段落。

③ 在新段落处，单击"开始"选项卡→"剪贴板"分组→"粘贴"按钮，或直接按 Ctrl+V 组合键，将刚刚存放在剪贴板中的内容粘贴到此处，复制操作完成。

④ 保存操作结束的文档。

4）查找、替换操作

在对 Word 文档进行编辑、修改时，有时需要对文档中的某个字、词等进行查找、替换等操作，不仅可以对文本进行查找、替换操作，而且可以查找、替换特殊字符，如换行符、段落标记、字符格式等。

将文档中所有的"Windows 8"替换成"加粗"的"Windows 8 操作系统"。

（1）按 Ctrl+Home 组合键将插入点定位到文档开始处。

（2）单击"开始"选项卡→"编辑"分组→"替换"按钮，或者直接按 Ctrl+H 组合键，打开"查找和替换"对话框，如图 3.7 所示。

图 3.7 "查找和替换"对话框

（3）在"查找内容"文本框中输入"Windows 8"，在"替换为"文本框中输入"Windows 8 操作系统"，单击"更多"按钮展开对话框，在"格式"下拉列表中选择"字体"选项，在打开的"字体"对话框中设置"字形"为"加粗"，单击"确定"按钮，返回"查找和替换"对话框，单击"全部替换"按钮进行替换。

（4）保存操作结束的文档。

5）替换特殊格式

将文档中所有的英文字母的文本格式替换成"加粗"和"红色"格式，英文字母本身不改变。

（1）按 Ctrl+Home 组合键将插入点定位到文档开始处。

（2）单击"开始"选项卡→"编辑"分组→"替换"按钮，或者直接按 Ctrl+H 组合键，打开"查找和替换"对话框。

（3）将插入点定位在"查找内容"文本框中，单击"更多"按钮展开对话框，在"特殊格式"下拉列表中选择"任意字母"选项，如图 3.8 所示；然后将插入点定位在"替换为"文本框中，在"格式"下拉列表中选择"字体"选项，在打开的"字体"对话框中设置"字形"为"加粗"，"字体颜色"为"红色"，单击"确定"按钮，返回"查找和替换"对话框，单击"全部替换"按钮进行替换。

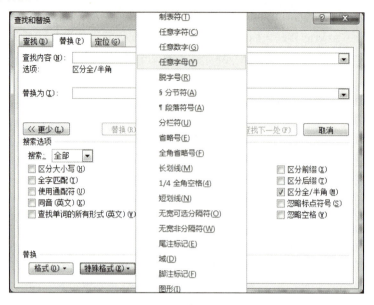

图 3.8 替换特殊格式

（4）保存文档。

6. 设置页面背景

单击"页面布局"选项卡→"页面背景"分组→"页面颜色"下拉按钮→"填充效果"命令，打开"填充效果"对话框，选择"渐变"选项卡，设置颜色为"单色"，颜色 1 为"标准色"中的"黄色"，滑块由"深色"滑向"浅色"，如图 3.9 所示，单击"确定"按钮，完成页面背景的设置。

提示：

如何在"打印预览"中显示文档的背景颜色？

选择"文件"选项卡→"选项"命令，打开"Word 选项"对话框，选择"显示"选项，在右窗格的"打印选项"选项组中选中"打印背景色和图像"复选框，如图 3.10 所示。

图 3.9 填充效果设置

图 3.10 设置打印选项

7. 结束操作

保存操作完成后的结果。实训 1 预览效果如图 3.11 所示。使用 Windows 操作系统中关闭窗口的方法，结束 Word 的运行，退出 Word 应用程序。

图 3.11　实训 1 预览效果

实训 2　格式设置

实训目的

（1）掌握 Word 中字体格式和段落格式的设置方法。
（2）掌握格式刷的使用方法。
（3）掌握项目符号和编号的使用方法。
（4）熟悉为字符、段落等添加边框和底纹的操作。
（5）掌握为文档进行分栏的操作。
（6）掌握为段落设置首字下沉的操作。

实训要求

（1）将实训 1 完成后的文档重命名为"姓名_格式设置.docx"。
（2）为文档设置合适的文本格式和段落格式。
（3）正确使用 Word 中的格式刷。
（4）为段落添加项目符号和编号。
（5）能在 Word 文档中按要求为字符、段落添加边框和底纹。
（6）对文档中的两个部分进行分栏操作。
（7）为正文第一段设置"首字下沉"。

首先使用实训 1 中的方法去掉所有英文字母的加粗和红色的文本格式，然后进行实训 2 的后续操作。

1. 设置文档标题的文本格式和段落格式

将标题设置为：黑体、二号、加粗，发光和柔化边缘，居中，段后间距 1 行。

（1）选中标题文本"Windows 8 操作系统热点问题"。

（2）单击"开始"选项卡→"字体"分组→"字体"下拉按钮，选择字体为"黑体"；单击"字号"下拉按钮，选择字号为"二号"。单击"加粗"按钮，使标题文本加粗显示。

（3）单击"开始"选项卡→"字体"分组→功能扩展按钮，打开"字体"对话框，如图 3.12 所示。

图 3.12 "字体"对话框

单击"文字效果"按钮，打开"设置文本效果格式"对话框，如图 3.13 所示。选择"发光和柔化边缘"选项，设置"预设"为"红色，18pt 发光，强调文字颜色 2"，单击"关闭"按钮，返回"字体"对话框，单击"确定"按钮，关闭"字体"对话框。

图 3.13 "设置文本效果格式"对话框

(4)单击"段落"分组中的"居中"按钮 ≡,使标题居中。
(5)在"页面布局"选项卡→"段落"分组中设置"段后"为"1行"。
(6)结束操作,保存文档。标题效果如图3.14所示。

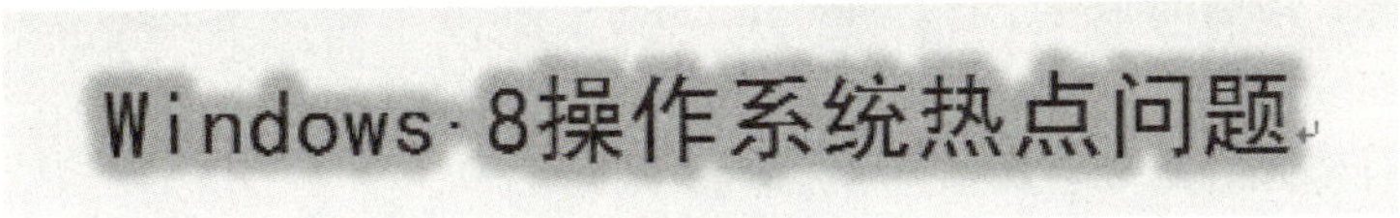

Windows 8操作系统热点问题

图3.14　标题效果

提示:

要设置文本效果,也可以使用"开始"选项卡→"字体"分组→文本效果"**A**"中的相关选项。

2. 设置文档正文的文本格式和段落格式

将正文的第一段设置为:楷体、五号,字符间距加宽"1.3磅",首行缩进设置为"2字符",行距设置为"固定值",值为"16磅"。

(1)选中正文第一段文本。

(2)打开图3.12所示的"字体"对话框。设置"中文字体"为"楷体","西文字体"为"(使用中文字体)"。

(3)选择"字体"对话框中的"高级"选项卡,将"字符间距"选项组的"间距"设置为"加宽","磅值"设置为"1.3"磅。单击"确定"按钮,关闭"字体"对话框。

(4)打开图3.15所示的"段落"对话框,设置"特殊格式"为"首行缩进","磅值"默认为"2字符";设置"行距"为"固定值"或"最小值","设置值"为"16磅"。

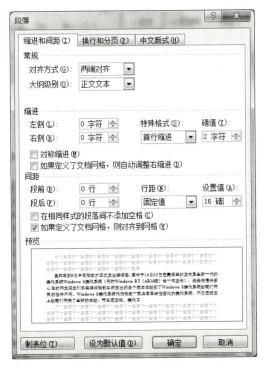

图3.15　"段落"对话框

（5）单击"确定"按钮，关闭"段落"对话框。注意保存 Word 文档。

3．设置文档中问题部分的文本格式和段落格式

将正文的第二段内容"Windows 8 操作系统如何安装到计算机？"设置为：四号、加粗并倾斜、红色，段前、段后间距各 1 行。

（1）选中第二段内容"Windows 8 操作系统如何安装到计算机？"。

（2）设置字符格式为四号、加粗并倾斜、红色。

（3）打开图 3.15 所示的"段落"对话框，设置该段落的"段前""段后"都为"1 行"。

（4）单击"确定"按钮，关闭"段落"对话框。

4．使用格式刷设置格式

将正文的问题段内容"Windows 8 操作系统最重要的功能是什么？与 Windows 7 最大的区别在哪？"等设置为与第二段相同的格式，将所有的问题回答部分段落都设置为与正文第一段相同的格式。

（1）选中第二段内容"Windows 8 操作系统如何安装到计算机？"及段落标记。

（2）单击"开始"选项卡→"剪贴板"分组→"格式刷"按钮，鼠标指针变为格式刷的样式，再选中第四段整段内容（包括段落标记），即可完成对第四段格式设置的操作。

（3）选中正文第一段（包括该段的段落标记）。

（4）双击"剪贴板"分组→"格式刷"按钮，鼠标指针变为格式刷的样式，再分别选中第三、五段等所有的问题回答部分各段内容（包括段落标记），即可完成对所有的问题回答部分各段格式设置的操作，这些段落的格式与第一段完全相同。

提示：

单击"格式刷"按钮，"格式刷"可使用一次；双击"格式刷"按钮，"格式刷"可连续使用多次。要取消使用"格式刷"，可按 Esc 键或者再一次单击"剪贴板"分组→"格式刷"按钮即可。

5．为文档设置项目符号和编号

为文档中几个热点问题的题目添加编号，为 Windows 8 操作系统的几个版本添加项目符号。

图 3.16 "定义新项目符号"对话框

（1）将插入点定位在正文的第二段，即"Windows 8 操作系统如何安装到计算机？"这一段中。

（2）单击"开始"选项卡→"段落"分组→"编号"下拉按钮，为该段添加一个编号"1."，采用"格式刷"应用"字符格式"和"段落格式"的方法，依次为后面几个热点问题的题目添加编号（"2.""3.""4."）。

（3）将插入点定位在正文的第八段，即"Windows 8 操作系统核心版"这一段中。

（4）单击"开始"选项卡→"段落"分组→"项目符号"下拉按钮→"定义新项目符号"命令，打开"定义新项目符号"对话框，如图 3.16 所示。单击"符号"按钮，在打开的"符号"对话框中找到笑脸符号"☺"，单击"确定"按钮。

（5）在图 3.16 所示的对话框中，单击"字体"按钮，在打开的"字体"对话框中设置该项目符号的字体格式为加粗、红色，然后单击"确定"按钮返回"定义新项目符号"对话框，单击"确定"按钮,即完成对该段落项目符号的设置。

(6)采用相同的方法,依次为后面的"Windows 8 操作系统专业版""Windows 8 操作系统企业版""Windows 8 操作系统 RT"添加项目符号"☺"。

(7)保存文档。

6. 设置边框和底纹

为 4 个热点问题设置段落边框,为 Windows 8 操作系统的 4 个版本添加字符底纹。

(1)将插入点定位在正文的第二段,即"Windows 8 操作系统如何安装到计算机?"这一段中。

(2)单击"开始"选项卡→"段落"分组→"下框线"下拉按钮→"边框和底纹"命令,打开"边框和底纹"对话框,如图 3.17 所示。在该对话框中设置边框为"阴影",线型的宽度为"3 磅","应用于"为"段落",单击"确定"按钮,完成设置。

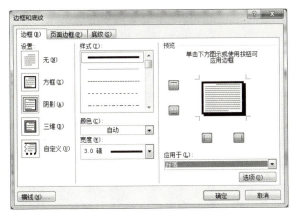

图 3.17 "边框和底纹"对话框

(3)采用相同的方法,依次为后面 3 个热点问题的题目设置与上一步相同的段落边框。

(4)选中正文的第八段,即"Windows 8 操作系统核心版"。

(5)打开图 3.17 所示的"边框和底纹"对话框,选择"底纹"选项卡,设置"填充"为"白色,背景 1,深色 15%","应用于"为"文字",单击"确定"按钮,完成设置。

(6)采用相同的方法,依次为后面 3 个版本设置与上一步完全相同的字符底纹。

提示:

也可以通过"格式刷"完成边框和底纹的设置操作。

7. 分栏操作

将正文的第一段和最后一段分成等长的两栏,并加上分隔线。

(1)选中正文第一段,包括该段落的段落标记。

(2)单击"页面布局"选项卡→"页面设置"分组→"分栏"下拉按钮→"更多分栏"命令,打开"分栏"对话框,如图 3.18 所示。在该对话框中设置"预设"为"两栏",选中"栏宽相等"复选框,并应用于"所选文字",选中"分隔线"复选框,单击"确定"按钮,完成分栏操作。

(3)选中正文的最后一段,注意不能选中该段的段落标记。

(4)重复步骤(2),完成最后一段的分成等长栏的操作。注意保存 Word 文档。

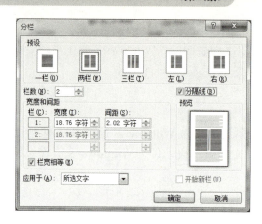

图 3.18 "分栏"对话框

图 3.19 "首字下沉"对话框

8. 设置首字下沉效果

为正文第一段设置首字下沉效果。

（1）将插入点置于已经分栏的第一段。

（2）单击"插入"选项卡→"文本"分组→"首字下沉"下拉按钮→"首字下沉选项"命令，打开"首字下沉"对话框，如图 3.19 所示。设置"位置"为"下沉"，其余选项保持默认设置，单击"确定"按钮，完成操作。

提示：

如果在同一个段落中"分栏"效果和"首字下沉"效果同时存在，则一般会先进行"分栏"操作，后进行"首字下沉"操作。

9. 结束操作

保存操作完成后的结果，实训 2 完成后的效果如图 3.20 所示。退出 Word 应用程序。

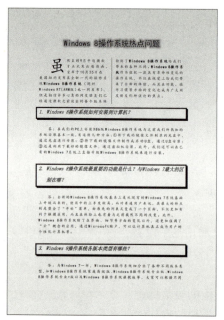
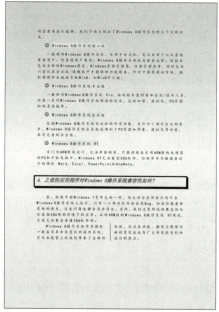

图 3.20 实训 2 完成后的效果

实训 3　表格处理

实训目的

（1）掌握在 Word 中插入水印、SmartArt 图形的相关操作。
（2）掌握艺术字的插入与处理方法。
（3）掌握在 Word 中绘制表格的基本方法。
（4）掌握编辑表格的基本方法。
（5）掌握设置表格的基本方法。

实训要求

（1）制作"大学新生入学季"的封面。
（2）制作"大一新生调查表"表格。

实训步骤

1. 创建"大学新生入学季"的 Word 文档

（1）新建一个有两页的空白 Word 文档。
（2）将文档保存在 C 盘的根文件夹中，文档名为"大学新生入学季_张三.docx"，表示姓名为"张三"的文档，其中"张三"在实际操作时重命名为操作者的姓名。

2. 制作封面

1）为文档添加水印
在第一页中完成封面的制作。
（1）单击"页面布局"选项卡→"页面背景"分组→"水印"下拉按钮→"自定义水印"命令，打开"水印"对话框，如图 3.21 所示。

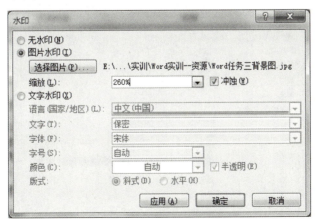

图 3.21　"水印"对话框

（2）选中"图片水印"单选按钮，单击"选择图片"按钮，选择"Word 任务三背景图.jpg"，设置"缩放"为"260%"，选中"冲蚀"复选框，单击"确定"按钮。

2）插入页眉"放飞我们的梦想"

（1）双击文档的"页眉"处，输入"放飞我们的梦想"；同时在 Word 功能选项卡区域出现"页眉和页脚工具：设计"选项卡，如图 3.22 所示。

图 3.22 "页眉和页脚工具：设计"选项卡

（2）单击"关闭页眉和页脚"按钮。

3）插入艺术字"大学新生入学季"

（1）插入艺术字。单击"插入"选项卡→"文本"分组→"艺术字"下拉按钮，选择样式"填充-红色，强调文字颜色2，暖色粗糙棱台"，输入"大学新生入学季"，完成艺术字的插入。

（2）美化艺术字。选中艺术字"大学新生入学季"，出现"绘图工具：格式"选项卡，如图 3.23 所示。单击"艺术字样式"分组→"文本填充"下拉按钮→"渐变"→"其他渐变"命令，打开"设置文本效果格式"对话框，如图 3.24 所示。选中"渐变填充"单选按钮，设置"预设颜色"为"红日西斜"，单击"确定"按钮。

图 3.23 "绘图工具：格式"选项卡

图 3.24 "设置文本效果格式"对话框

(3)单击"艺术字样式"分组→"文本效果"下拉按钮→"转换"→"弯曲"→"正梯形"命令。

(4)单击"艺术字样式"分组→"文本效果"下拉按钮→"映像"→"映像变体"→"全映像,接触"命令。

(5)单击"排列"分组→"自动换行"下拉按钮→"紧密型环绕"命令,然后调整其在页面中的位置。

(6)调整艺术字"大学新生入学季"至合适的大小。

4)插入文本

(1)在页面中输入文本。输入的文本内容为"因为共同的理想,八方相聚在这里,未来道路同方向,美好前程心向往。"

(2)设置文本的字体格式:字体为"华文行楷",字号分别为"二号(小字)"和"小初(大字)",字体颜色为"渐变填充",预设颜色为"暮霭沉沉",并将文本调整至合适位置。文本效果如图3.25所示。

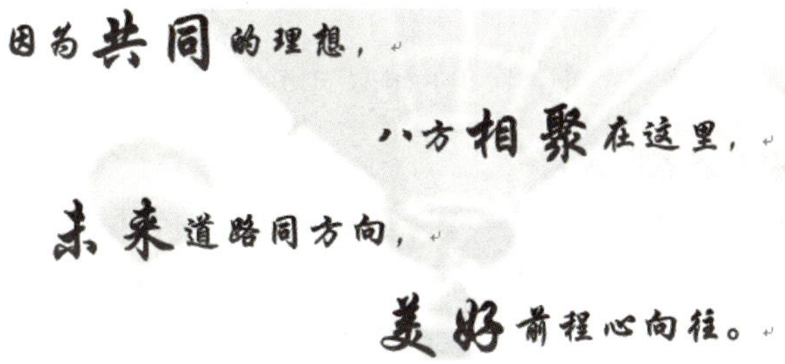

图3.25 文本效果

5)输入新生的信息

使用SmartArt图形,输入学院、班级、姓名、学号等基本信息。

(1)单击"插入"选项卡→"插图"分组→SmartArt按钮,打开"选择SmartArt图形"对话框,如图3.26所示。选择"列表"→"垂直重点列表"选项,单击"确定"按钮。

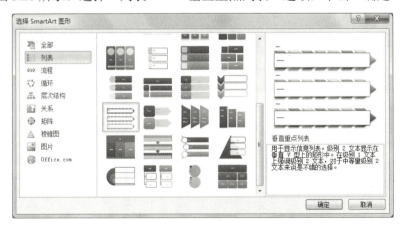

图3.26 "选择SmartArt图形"对话框

(2)选中插入的SmartArt图形,单击"SmartArt工具:设计"选项卡→"创建图形"分组→"添加形状"下拉按钮→"在后面添加形状"命令,至此在SmartArt形状中共有4个形状。

(3)单击文本窗格,依次在每个形状中分别输入"学院:""班级:""姓名:""学号:"等信息。删除多余的部分。

(4)单击"SmartArt 样式"分组→"更改颜色"下拉按钮→"彩色"→"彩色-强调文字颜色"命令。

(5)单击"SmartArt 工具:格式"选项卡→"形状样式"分组→"形状效果"下拉按钮→"棱台"→"棱台"→"圆"命令进行美化,并调整文本至合适的大小。SmartArt 图形效果如图 3.27 所示。

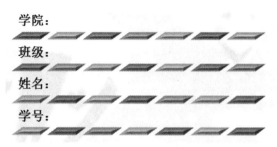

图 3.27　SmartArt 图形效果

3. 制作"大一新生调查表"表格

在第二页中完成表格的制作。

1)设置表格名称"大一新生调查表"

参照本实训中的艺术字"大学新生入学季"的制作方法与过程,完成第二页表格的表名"大一新生调查表"的设置,可以根据需要进行相应的设置。

2)插入简单的"大一新生调查表"表格并输入基础数据

在新页中制作表 3.1 所示的表格,并完善相关信息。

表 3.1　大一新生调查表

个人基本信息					
姓名		性别			照片
民族		出生年月			
政治面貌		QQ 号码			
籍贯		邮箱			
专业		联系电话			
通信地址					
毕业学校					
考试成绩					
语文	数学	英语	综合(文综或理综)		总分
学习经历					
时间		地点		学校	

续表

时间	地点	学校
获奖情况		
爱好、特长		
自我评价		
希望就业的行业、专业		
未来规划		

单击"插入"选项卡→"表格"分组→"表格"下拉按钮→"插入表格"命令，打开"插入表格"对话框，如图 3.28 所示。根据需要设计的表格的大小，将"列数"设置为"5"，"行数"设置为"22"，单击"确定"按钮，即可生成一张 22×5 的空表，如图 3.29 所示。

图 3.28 "插入表格"对话框

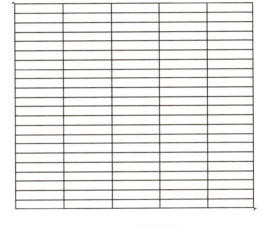

图 3.29 生成的空表

提示：

还可以用下面的方法创建表格：单击"表格"按钮，直接使用鼠标拖过表格的行数和列数；或者使用"绘制表格"命令。

3）处理表格中的"个人基本信息"

（1）选中第 1 行（共 5 个单元格），单击"布局"选项卡→"合并"分组→"合并单元格"按钮，将该行的 5 个单元格合并成一个单元格；单击"对齐方式"分组→"水平居中"按钮，将内容置于单元格正中间。

（2）单击"表格工具：设计"选项卡→"表格样式"分组→"底纹"下拉按钮，选择"主题颜色"为"白色，背景 1，深色 15%"，第 1 行的格式设置完成。

（3）选中第 2~8 行中的第 5 列（共 7 个单元格），单击"合并"分组→"合并单元格"按钮，将该列的 7 个单元格合并成一个单元格；单击"对齐方式"分组→"水平居中"按钮，将内容置于单元格正中间。设置"照片"的字号为"二号"。

（4）单击"表格工具：布局"选项卡→"对齐方式"分组→"文字方向"按钮，设置文字方向为"竖排"，即"从上往下"的书写方式。

（5）合并"通信地址"后面的单元格。选中第 7 行的 2、3、4 列（共 3 个单元格），单击

"合并"分组→"合并单元格"按钮即可。

（6）合并"毕业学校"后面的单元格。选中第 8 行的 2、3、4 列（共 3 个单元格），单击"合并"分组→"合并单元格"按钮即可。

4）处理表格中的"考试成绩"

（1）选中第 9 行（共 5 个单元格），单击"合并"分组→"合并单元格"按钮，将该行的 5 个单元格合并成一个单元格；单击"对齐方式"分组→"水平居中"按钮，将内容置于单元格正中间。

（2）单击"表格工具：设计"选项卡→"表格样式"分组→"底纹"下拉按钮，选择"主题颜色"为"白色，背景 1，深色 15%"，第 9 行的格式设置完成。

（3）调整第 10 行 4 列单元格的宽度，使其内容能够完整显示。

（4）选中第 10、11 行的 1、2、3 列（共 6 个单元格），单击"表格工具：布局"选项卡→"单元格大小"分组→"分布列"按钮，使这 3 门课的成绩所占单元格的宽度相同。

（5）计算"总分"。分别输入"语文""数学""英语""综合"的成绩后，使用 Word 2010 中的公式计算"总分"。

单击"表格工具：布局"选项卡→"数据"分组→"fx 公式"按钮，打开"公式"对话框，如图 3.30 所示，在该对话框中可以进行简单的计算，单击"确定"按钮。

图 3.30 "公式"对话框

5）处理表格中的"学习经历"

（1）选中第 12 行（共 5 个单元格），单击"合并"分组→"合并单元格"按钮，将该行的 5 个单元格合并成一个单元格；单击"对齐方式"分组→"水平居中"按钮，将内容置于单元格正中间。

（2）单击"表格工具：设计"选项卡→"表格样式"分组→"底纹"下拉按钮，选择"主题颜色"为"白色，背景 1，深色 15%"，第 12 行的格式设置完成。

（3）分别选中第 13、14、15、16、17 行的 3、4、5 列（共 3 个单元格），重复 5 次单击"合并"分组→"合并单元格"按钮，将这 5 行的 3 个单元格分别合并成一个单元格。

（4）适当调整单元格的宽度。

6）处理表格中后面的部分

（1）将鼠标指针移动到表格最下面的外框线上，当鼠标指针变为可移动框线时，按住鼠标左键向下拖动，使最后一行的行高增加很多。

（2）选中表格的最后 5 行，单击"表格工具：布局"选项卡→"单元格大小"分组→"分布行"按钮，使这 5 行的行高相同。

（3）分别选中第 18、19、20、21、22 行的 2、3、4、5 列（共 4 个单元格），重复 5 次单

击"合并"分组→"合并单元格"按钮,将这 5 行的 4 个单元格分别合并成一个单元格。

(4) 选中第 18、19、20、21、22 行的 1 列(共 5 个单元格),单击"对齐方式"分组→"水平居中"按钮,将内容置于单元格正中间。再次单击"表格工具:设计"选项卡→"表格样式"分组→"底纹"下拉按钮,选择"主题颜色"为"白色,背景 1,深色 15%",格式设置完成。

7) 美化表格的边框框线

(1) 单击"表格工具:设计"选项卡→"绘图边框"分组→"笔样式"下拉按钮,选择"▬▬▬▬▬"样式,"笔画粗细"设置为"3.0 磅"。

(2) 单击"表格工具:设计"选项卡→"绘图边框"分组→"绘制表格"按钮,鼠标指针变为"笔形",在需要如此"笔样式"的框线上重新绘制一次即可;或者在"边框"下拉列表中选择相应的框线完成表格的美化。

(3) 操作完成,保存 Word 文档。实训 3 完成后的效果如图 3.31 所示。

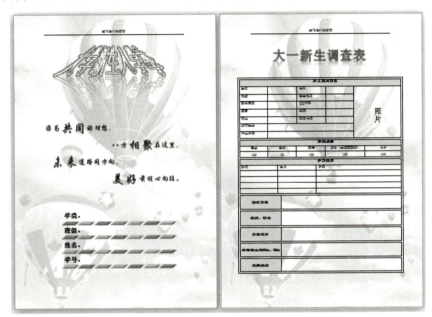

图 3.31　实训 3 完成后的效果

实训 4　图文混排

实训目的

(1) 掌握在 Word 中插入自选图形及填充等相关操作。
(2) 掌握插入图片的方法。
(3) 掌握文本框的使用方法。
(4) 熟练掌握图形的组合方法及图形的自动换行操作。
(5) 掌握分栏、首字下沉、图文混排的方法。
(6) 掌握艺术字、SmartArt 图形的插入及处理操作。

实训要求

(1) 制作"电气工程学院 PPT 制作比赛"宣传海报。
(2) 要求布局合理。

实训步骤

1. 宣传海报布局设计

(1) 新建一个空白 Word 文档,保存在 C 盘根文件夹下,文档名为"PPT 宣传海报_姓名.docx"。

(2) 单击"页面布局"选项卡→"页面设置"分组→功能扩展按钮,打开"页面设置"对话框,如图 3.32 所示。在"页边距"选项卡中,将上、下、左、右的页边距都设置为 1.5 厘米,"纸张方向"设置为"横向"。

图 3.32 "页面设置"对话框

(3) 在"纸张"选项卡中,将纸张大小设置为"A3",单击"确定"按钮。

(4) 单击"页面布局"选项卡→"页面背景"分组→"水印"下拉按钮→"自定义水印"命令,打开"水印"对话框,如图 3.21 所示。

(5) 选中"图片水印"单选按钮,单击"选择图片"按钮,选择"Word 任务四背景图.jpg",设置"缩放"为"300%",选中"冲蚀"复选框,单击"确定"按钮。

(6) 删除页眉。单击"开始"选项卡→"样式"分组→功能扩展按钮,在"样式"库中选择"页眉"选项并右击,在弹出的快捷菜单中选择"删除'页眉'"命令,完成页眉的删除操作。

(7) 将页面分成 3 栏。单击"页面布局"选项卡→"页面设置"分组→"分栏"下拉按钮→"更多分栏"命令,打开"分栏"对话框,如图 3.33 所示。设置"预设"为"三栏",取消选中"栏宽相等"复选框,将第一栏宽度设为"40 字符",单击"确定"按钮。

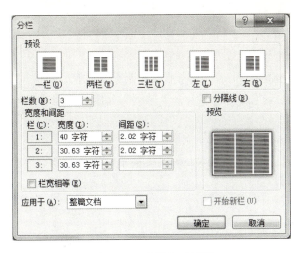

图 3.33 "分栏"对话框

2. 宣传版面设计

1）插入自选图形

（1）单击"插入"选项卡→"插图"分组→"形状"下拉按钮→"矩形"→"对角圆角矩形"命令，在页面上按住鼠标左键拖动，绘制一个大小合适的对角圆角矩形。

（2）选中"对角圆角矩形"，单击"绘图工具：格式"选项卡→"形状样式"分组→"形状轮廓"下拉按钮→"无轮廓"命令。

（3）单击"形状填充"下拉按钮→"图片"命令，在打开的对话框中选择图片文件"Word 任务四-舞台.jpg"，单击"插入"按钮。

（4）对填充图片进行处理。选中已填充的图片，单击"图片工具：格式"选项卡→"调整"分组→"更正"下拉按钮→"锐化和柔化"→"锐化：50%"命令；单击"图片样式"分组→"图片效果"下拉按钮→"柔化边缘"→"10磅"命令。

2）插入海报主题文本框

（1）单击"插入"选项卡→"文本"分组→"文本框"下拉按钮→"绘制文本框"命令，在页面上按住鼠标左键拖动，绘制一个大小合适的文本框，输入文本"校园PPT制作比赛"，将"校园"字体和"制作比赛"字体设为"方正舒体""初号""加粗""白色"，将"PPT"字体设为"Monotype Corsiva""72""加粗""黄色"。

（2）选中文本框，单击"绘图工具：格式"选项卡→"形状样式"分组→"形状填充"下拉按钮→"无填充颜色"命令。

（3）单击"绘图工具：格式"选项卡→"形状样式"分组→"形状轮廓"下拉按钮→"无轮廓"命令。

3）插入主办文本框

（1）单击"插入"选项卡→"文本"分组→"文本框"下拉按钮→"绘制文本框"命令，在页面上按住鼠标左键拖动，绘制一个大小合适的文本框，输入3行文本"主办：电气工程学院"、"协办：电气工程学院学生会"和"参赛对象：全校学生"。将这3行文本的字体设为"华文彩云""小二号""加粗""白色"。

（2）选中文本框，单击"绘图工具：格式"选项卡→"形状样式"分组→"形状填充"下拉按钮→"无填充颜色"命令。

(3)单击"绘图工具:格式"选项卡→"形状样式"分组→"形状轮廓"下拉按钮→"无轮廓"命令。

4)组合自选图形和文本框

(1)按住 Shift 键,分别选择一个自选图形和两个文本框。

(2)单击"绘图工具:格式"选项卡→"排列"分组→"组合"下拉按钮→"组合"命令即可。

提示:

还可以在选中的对象上右击,在弹出的快捷菜单中选择"组合"命令组合多个对象。

3. 比赛主题版面设计

1)插入艺术字

(1)将插入点定位在宣传版面的下面。

(2)单击"插入"选项卡→"文本"分组→"艺术字"下拉按钮→"填充-蓝色,强调文字颜色1,塑料棱台,映像"命令,输入文字"比赛主题"。

(3)单击"绘图工具:格式"选项卡→"艺术字样式"分组→"文本效果"下拉按钮→"转换"→"弯曲"→"正方形"命令,稍稍修饰该艺术字。

(4)改变艺术字的外观。单击"绘图工具:格式"选项卡→"形状样式"分组→"其他"下拉按钮,会出现"形状或线条外观样式"选择界面,如图 3.34 所示。选择"强烈效果-橄榄色,强调颜色3"选项,该艺术字制作完成。

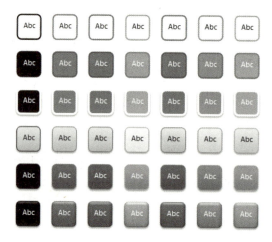

图3.34 "形状或线条外观样式"选择界面

2)编辑主题正文

使用 SmartArt 图形编辑主题。

(1)单击"插入"选项卡→"插图"分组→SmartArt 按钮,打开"选择 SmartArt 图形"对话框,如图 3.35 所示。选择"列表"→"目标图列表"选项,单击"确定"按钮。

(2)依次在每个形状中分别输入"保护环境""节能减排""绿色出行"。

(3)单击"SmartArt 样式"分组→"更改颜色"下拉按钮→"彩色"→"彩色-强调文字颜色"命令。

(4)单击"SmartArt 样式"分组→"选择 SmartArt 图形的总体外观样式"下拉按钮→"优雅"命令,完成该 SmartArt 图形的修饰。

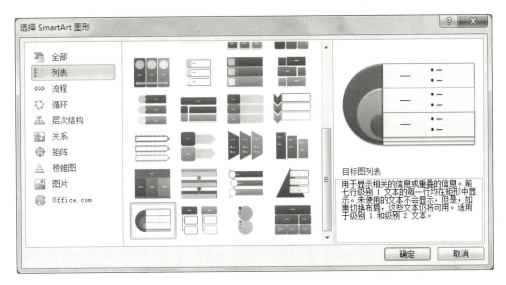

图 3.35 "选择 SmartArt 图形"对话框

(5) 设置 SmartArt 图形的自动换行效果。单击"SmartArt 工具：格式"选项卡→"排列"分组→"自动换行"下拉按钮→"紧密型环绕"命令即可。"比赛主题"的 SmartArt 效果如图 3.36 所示。

4. 活动背景版面设计

1）插入艺术字

(1) 将插入点定位在页面第二栏的最上面。

图 3.36 "比赛主题"的 SmartArt 效果

(2) 单击"插入"选项卡→"文本"分组→"艺术字"下拉按钮→"填充-蓝色，强调文字颜色 1，金属棱台，映像"命令，输入文字"活动背景"。

(3) 单击"绘图工具：格式"选项卡→"艺术字样式"分组→"文本效果"下拉按钮→"转换"→"弯曲"→"波形 1"命令，稍稍修饰该艺术字。

(4) 设置艺术字的自动换行效果。单击"绘图工具：格式"选项卡→"排列"分组→"自动换行"下拉按钮→"浮于文字上方"命令即可。

2）编辑活动背景正文

(1) 将插入点定位在艺术字"活动背景"的下面，输入以下文本。

在我们过多地向大自然摄取资源的今天，环境正在发生改变。一座座高楼拔地而起，一条条公路横贯东西。为了建设，我们正在改变原本自然状态下的环境。自哥本哈根气候变化大会以来，"低碳"这个名词便越来越为大家所熟知，人们也越来越关注绿色和环保。"碳排放"成了人们日常谈论的话题。同学们应该也有自己的看法和体会。那么，就用我们制作的精彩 PPT 来讲述我们的观点吧！

(2) 选择这些文本，设置字体为"宋体""三号""加粗""绿色"。

(3) 设置该段落首字下沉 3 行。单击"插入"选项卡→"文本"分组→"首字下沉"下拉按钮→"首字下沉选项"命令，打开"首字下沉"对话框，选择"位置"的第二种方式"下沉"，将"字体"设置为"方正舒体"，单击"确定"按钮。

3）在活动背景正文中插入图片

(1) 单击"插入"选项卡→"插图"分组→"图片"按钮，打开"插入图片"对话框，选择"蓝天白云.jpg",单击"插入"按钮。

(2) 设置图片的环绕方式。单击"图片工具:格式"选项卡→"排列"分组→"自动换行"下拉按钮→"四周型环绕"命令。

(3) 设置图片效果。单击"图片工具:格式"选项卡→"图片样式"分组→"图片效果"下拉按钮→"柔化边缘"→"10 磅"命令,完成对图片的柔化操作。

5. 比赛流程及要求版面设计

1) 插入艺术字

(1) 将插入点定位在页面第三栏的最上面。

(2) 单击"插入"选项卡→"文本"分组→"艺术字"下拉按钮→"填充-蓝色,强调文字颜色 1,金属棱台,映像"命令,输入文字"比赛流程及要求"。

(3) 单击"绘图工具:格式"选项卡→"艺术字样式"分组→"文本效果"下拉按钮→"转换"→"弯曲"→"波形 2"命令,稍稍修饰该艺术字。

(4) 设置艺术字的自动换行效果。单击"绘图工具:格式"选项卡→"排列"分组→"自动换行"下拉按钮→"浮于文字上方"命令。调整艺术字"比赛流程及要求"至合适的大小。

2) 编辑比赛流程及要求正文

(1) 将插入点定位在"比赛流程及要求"艺术字下面,单击"插入"选项卡→"文本"分组→"文本框"下拉按钮→"绘制文本框"命令,在页面上按住鼠标左键拖动,绘制一个大小合适的文本框,输入以下文本。

1. 报名时间:2019 年 9 月 9 日—10 月 10 日。
2. 报名地点:电气工程学院办公室(C1111)。报名时须填写报名表。
3. 作品提交:作品提交电子文档,发送邮件至 dqxy@cdtc.edu.cn,截止时间:11 月 11 日。
4. 作品演示:请接到电话通知的同学,于 2019 年 11 月 22 日下午 1:30 在教学楼 222 进行演示并演讲。
5. 奖项设置:特等奖 1 名,一等奖 2 名,二等奖 3 名,三等奖 5 名。
6. 参赛作品里应注明题目、参赛选手信息(包括姓名、学院、班级、联系方式等)。
7. 参赛作品由文本、图像、声音等多媒体信息组成,同时欢迎同学们在 PPT 中添加原创 Flash、拍摄的 DV 作品等。
8. 参赛作品幻灯数量要求在 10 张左右,并尽可能多地运用 PPT 的附加功能,要求原创,不得抄袭。

(2) 将这些文本设置为"宋体""三号""加粗""两端对齐""单倍行距"。

(3) 将文本框的填充颜色设置为浅绿色。单击"绘图工具:格式"选项卡→"形状样式"分组→"形状填充"下拉按钮→"渐变"→"其他渐变"命令,打开"设置形状格式"对话框,设置"渐变填充"→"预设颜色"为"茵茵绿原",单击"关闭"按钮。

6. 欢迎词设计

1) 插入"期待您的加入"艺术字

(1) 将插入点定位在页面第二栏的最下面。

(2) 单击"插入"选项卡→"文本"分组→"艺术字"下拉按钮→"填充-橙色,强调文字颜色 6,渐变轮廓-强调文字颜色 6"命令,输入文字"期待您的加入"。

(3) 选中艺术字文本"期待您的加入",单击"开始"选项卡→"字体"分组→"文本效果"下拉按钮→"发光"→"发光变体"→"水绿色，18pt 发光，强调文字颜色 5"命令，稍稍修饰该艺术字。

（4）设置艺术字的自动换行效果。单击"绘图工具：格式"选项卡→"排列"分组→"自动换行"下拉按钮→"浮于文字上方"命令。调整艺术字"期待您的加入"至合适的大小。

2）插入"让我们为绿色环保加油"艺术字

（1）将插入点定位在页面第二栏的最下面。

（2）单击"插入"选项卡→"文本"分组→"艺术字"下拉按钮→"填充-橄榄色，强调文字颜色 3，轮廓-文本 2"命令，输入文字"让我们为绿色环保加油"。

（3）将艺术字的字体设置为"方正舒体"。选中艺术字文本"让我们为绿色环保加油"，单击"开始"选项卡→"字体"分组→"字体"下拉按钮→"方正舒体"命令。

（4）设置艺术字的形状效果。选中艺术字，单击"绘图工具：格式"选项卡→"形状样式"分组→"形状或线条的外观样式"下拉按钮→"中等效果-水绿色，强调颜色 5"命令。单击"形状效果"下拉按钮→"柔化边缘"→"5 磅"命令，形状效果设置结束。

（5）设置艺术字的自动换行效果。单击"绘图工具：格式"选项卡→"排列"分组→"自动换行"下拉按钮→"浮于文字上方"命令。调整艺术字"让我们为绿色环保加油"至合适的大小。

（6）保存操作完成后的 Word 文档。实训 4 完成后的效果如图 3.37 所示。

图 3.37　实训 4 完成后的效果

实训 5　长文档处理

➡ 实训目的

（1）掌握在 Word 2010 中设置页面的操作。
（2）掌握样式的新建、修改、应用及删除。

（3）熟悉自动生成目录的操作方法。
（4）掌握页眉、页脚的操作方法。
（5）掌握邮件合并的操作方法。

实训要求

（1）将样本文档重命名为"姓名_长文档处理.docx"。
（2）能够为文档设置合适的"纸张大小""页边距"等选项。
（3）能够新建、应用和修改"样式"等。
（4）能在 Word 文档中生成目录。
（5）正确设置奇、偶页不同的页眉、页脚。
（6）能够按要求完成邮件合并的操作。

实训步骤

1. 重命名样本文档

将样本文档重命名为"姓名_长文档处理.docx"。
（1）双击打开样本文档。
（2）单击"文件"选项卡→"另存为"命令，打开"另存为"对话框，选择保存位置为 C 盘，文件名设置为"姓名_长文档处理.docx"，单击"保存"按钮。

2. 为文档设置纸张大小和页边距

纸张大小：A4。
页边距：上、下各为 2.5 厘米，左、右各为 2 厘米。
（1）单击"页面布局"选项卡→"页面设置"分组→"纸张大小"下拉按钮→"A4（21 厘米×29.7 厘米）"命令，完成页面纸张大小的设置。
（2）单击"页边距"下拉按钮→"自定义边距"命令，打开"页面设置"对话框，如图 3.38 所示。

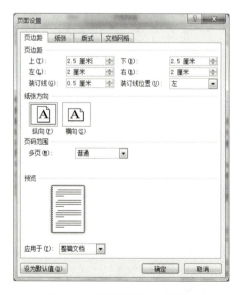

图 3.38 "页面设置"对话框

（3）在"页边距"选项卡中，分别设置上、下页边距各为 2.5 厘米，左、右页边距各为 2 厘米，单击"确定"按钮。

3. 为文档分节和分页处理

首先对正文进行分节处理：论文题目、摘要、目录、正文各占一节；再将正文中类似"1 引言"等几大部分分页，使得每一大部分均从新的一页开始显示。

1）在状态栏中显示"节"信息

（1）右击 Word 2010 的状态栏，出现图 3.39 所示的"自定义状态栏"面板。

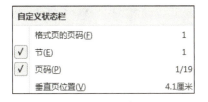

图 3.39 "自定义状态栏"面板

（2）选择"节"选项，即可在 Word 2010 状态栏的最左侧出现"节"的信息，便于显示当前插入点所在的位置是第几节，方便操作。

2）为文档插入分节符

（1）将插入点定位在第一页的"摘要"前面。

（2）单击"页面布局"选项卡→"页面设置"分组→"分隔符"下拉按钮→"分节符"→"下一页"命令，将"摘要"分节在下一页。

（3）将插入点置于第二页的论文题目"电子商务网站的设计与实现"的前面，重复操作步骤（2）两次，完成两个分节符的插入，将整个文档分为 4 节。其中，第 3 节为一空白页（备用），便于放置"目录"部分。

3）为正文插入"分页符"

（1）将插入点定位在内容为"2 概述"的前面。

（2）单击"页面布局"选项卡→"页面设置"分组→"分隔符"下拉按钮→"分页符"→"分页符"命令，将从"2 概述"及后面的内容分页在下一页，但仍然处于"第 4 节"的位置。

（3）将插入点分别定位在"3 网站方案设计""4 网站框架设计""5 详细设计""6 结束语""致谢""参考文献"的前面，分别重复以下操作：单击"页面布局"选项卡→"页面设置"分组→"分隔符"下拉按钮→"分页符"→"分页符"命令，将相应的内容分页在下一页，但仍然处于"第 4 节"的位置。

4. 修改正文格式

论文中普通正文格式的要求：宋体、小四号，首行缩进 2 字符，行距为 1.3 倍行距。

按要求修改已有的"正文"样式，修改完成后，该样式自动应用。

（1）选择"开始"选项卡→"样式"分组→"正文"样式，右击，在弹出的快捷菜单中选择"修改"命令，打开"修改样式"对话框，如图 3.40 所示。

（2）将格式设置为"宋体""小四"。

（3）单击"格式"下拉按钮，选择"段落"选项，打开"段落"对话框，设置"特殊格式"为"首行缩进"，"磅值"为"2 字符"，行距为 1.3 倍行距，如图 3.41 所示。单击"确定"按钮，返回"修改样式"对话框，再单击"确定"按钮，关闭"修改样式"对话框，"正文"样式按照要求设置完成。

图 3.40 "修改样式"对话框

图 3.41 "缩进和间距"选项设置

"正文"样式会在设置完成时自动应用。

5. 设置封面题目格式

将第 1 节的"电子商务网站的设计与实现"设置为黑体、字号 90、加粗，首行缩进"无"，居中，文字方向为"垂直"，纸张方向为"纵向"，页面垂直对齐方向为"居中"。

（1）设置字符格式。选中"电子商务网站的设计与实现"，单击"开始"选项卡→"字体"分组→"字体"下拉按钮→"黑体"命令，在"字号"文本框中输入"90"，单击"加粗"按钮。

（2）设置段落格式。单击"开始"选项卡→"段落"分组→"居中"按钮即可。

（3）设置页面格式。单击"页面布局"选项卡→"页面设置"分组→"文字方向"下拉按钮→"垂直"命令，使得文字竖排。单击"纸张方向"下拉按钮→"纵向"命令。

（4）单击"页面设置"分组→功能扩展按钮，打开"页面设置"对话框，在"版式"选项卡中将页面的"垂直对齐方式"设置为"居中"，"应用于"设置为"本节"，如图 3.42 所示。单击"确定"按钮，完成题目的设置。

6. 设置摘要格式

"摘要"标题：宋体、三号、加粗，居中，段前、段后间距各 1 行。

"摘要"正文：宋体、小四、首行缩进 2 字符、行距为 20 磅。

"摘要"关键字："关键词" 3 个字的格式为宋体、四号、加粗；其余文字设置为宋体、小四，行距 20 磅，段前间距 2 行，首行缩进 2 字符。

图 3.42 "版式"选项卡

1)设置标题格式

(1)选中"摘要",在"开始"选项卡→"字体"分组中将"字体"设为"宋体","字号"设为"三号","字形"设为"加粗"。

(2)单击"段落"分组→"居中"按钮,使段落居中;单击"段落"分组→功能扩展按钮,打开"段落"对话框,在"缩进和间距"选项卡中设置图 3.43 所示的选项。

图 3.43 设置"间距"选项

2)设置正文格式

(1)选中摘要正文内容。

(2)在"开始"选项卡→"字体"分组中将"字体"设为"宋体","字号"设为"小四号"。

(3)右击选中的内容,在弹出的快捷菜单中选择"段落"命令,打开"段落"对话框,在"缩进和间距"选项卡中按图 3.44 设置相关选项。

图 3.44 设置"缩进"选项和"间距"选项

3)设置关键字格式

(1)选中"关键字",在"开始"选项卡→"字体"分组中将"字体"设为"宋体","字号"设为"四号","字形"设为"加粗"。

（2）选中"电子商务，ASP，网上订购，购物车，数据库"，在"字体"分组中将"字体"设为"宋体"，"字号"设为"小四号"。

（3）在该段落内右击，在弹出的快捷菜单中选择"段落"命令，打开"段落"对话框，分别设置段前"2 行"，首行缩进"2 字符"，行距为固定值"20 磅"。

7．设置论文正文格式

要求对论文正文内容采用 Word 2010 "样式"的方式进行格式设置，所有"西文字体"都采用与"中文字体"相同的格式。在论文正文中，无首行缩进要求的则需要取消特殊格式下的首行缩进。

1）设置论文题目格式

格式要求：黑体、二号、加粗，特殊格式"无"，居中，段前、段后间距各 1 行。

（1）选中"电子商务网站的设计与实现"，在"开始"选项卡→"字体"分组中将"字体"设为"黑体"，"字号"设为"二号"，"字形"设为"加粗"。

（2）单击"段落"分组→"居中"按钮，使段落居中；单击"段落"分组→功能扩展按钮，打开"段落"对话框，在"缩进和间距"选项卡中按图 3.43 设置相关选项，即段前、段后间距各 1 行。在"特殊格式"下拉列表中选择"无"选项，单击"确定"按钮。

2）设置一级标题格式

一级标题的格式要求：采用快速样式库中的"标题 1"样式并修改样式格式为黑体、三号、加粗，特殊格式"无"，居中，段前、段后间距各 1 行。

（1）选择"开始"选项卡→"样式"分组→"标题 1"→"修改"命令，打开"修改样式"对话框，如图 3.45 所示。

图 3.45 "修改样式"对话框

（2）设置"格式"为"黑体""三号""加粗""居中"。

（3）单击"格式"下拉按钮，选择"段落"选项，打开"段落"对话框，在"间距"选项组中设置段前、段后间距各 1 行，多倍行距的值为 2 磅。单击"确定"按钮，返回"修改样式"对话框,单击"确定"按钮,关闭"修改样式"对话框,"标题1"样式按照要求设置完成。

(4)应用"标题1"样式。将插入点置于"1 引言"段落内,单击"开始"选项卡→"样式"分组→"标题1"按钮,即可将"标题1"样式应用于"1 引言"段落,该一级标题的样式应用完成。

(5)将插入点分别置于"2 概述""3 网站方案设计""4 网站框架设计""5 详细设计""6 结束语""致谢""参考文献"段落内,再分别单击"开始"选项卡→"样式"分组→"标题1"按钮,即可将"标题1"样式应用于相应的段落。至此,所有一级标题的样式应用完成。

3)设置二级标题格式

二级标题的格式要求:采用快速样式库中的"标题2"样式并修改样式格式为宋体、四号、加粗,特殊格式"无",段前、段后间距各15磅,行距为固定值20磅。

(1)单击"开始"选项卡→"样式"分组→"标题2"→"修改"命令,打开"修改样式"对话框,如图3.45所示。

(2)设置"格式"为"宋体""四号""加粗"。

(3)单击"格式"下拉按钮,选择"段落"选项,打开"段落"对话框,在"间距"选项组中设置段前、段后间距各15磅,行距为固定值20磅,如图3.46所示。单击"确定"按钮,返回"修改样式"对话框,单击"确定"按钮,关闭"修改样式"对话框,"标题2"样式按照要求设置完成。

图3.46 "间距"选项

(4)应用"标题2"样式。将插入点置于"1.1 课题背景"段落内,单击"开始"选项卡→"样式"分组→"标题2"按钮,即可将"标题2"样式应用于"1.1 课题背景"段落,该二级标题的样式应用完成。

(5)将插入点分别置于正文后面二级标题相应的段落内,再分别单击"开始"选项卡→"样式"分组→"标题2"按钮,即可将"标题2"样式应用于相应的段落,至此,所有二级标题的样式应用完成。

4)设置三级标题格式

三级标题的格式要求:采用快速样式库中的"标题3"样式并修改样式格式为宋体、小四号、加粗,首行缩进1字符,段前、段后间距各10磅,行距为单倍行距。

(1)单击"开始"选项卡→"样式"分组→"标题3"→"修改"命令,打开"修改样式"对话框,如图3.45所示。

(2)设置"格式"为"宋体""小四号""加粗"。

(3)单击"格式"下拉按钮,选择"段落"选项,打开"段落"对话框,设置"特殊格式"为"首行缩进","磅值"为"1字符",在"间距"选项组中设置段前、段后间距各10磅,行距为单倍行距。单击"确定"按钮,返回"修改样式"对话框,单击"确定"按钮,关闭"修改样式"对话框,"标题3"样式按照要求设置完成。

(4)应用"标题3"样式。将插入点置于"3.1.1 广告宣传"段落内,单击"开始"选项卡→"样式"分组→"标题3"按钮,即可将"标题3"样式应用于"3.1.1 广告宣传"段落,该三级标题的样式应用完成。

（5）将插入点分别置于正文后面三级标题相应的段落内，再分别单击"开始"选项卡→"样式"分组→"标题3"按钮，即可将"标题3"样式应用于相应的段落。至此，所有三级标题的样式应用完成。

5）设置表格的表头和内容格式

表头格式要求：宋体、小五号、加粗，特殊格式"无"，居中。

表格内容格式要求：宋体、小五号，特殊格式"无"，居中。需要新建表头样式。

（1）新建表头样式。单击"开始"选项卡→"样式"分组→功能扩展按钮，打开"样式"窗格，如图3.47所示。

（2）单击"样式"窗格左下角的"新建样式"按钮，打开"根据格式设置创建新样式"对话框，如图3.48所示。

图3.47 "样式"窗格

图3.48 "根据格式设置创建新样式"对话框

（3）设置"名称"为"表头样式"，设置"格式"为"宋体""小五""加粗"，单击段落"居中"按钮，再单击"确定"按钮，关闭"根据格式设置创建新样式"对话框，新建样式"表头样式"按照要求设置完成。

（4）再次单击"新建样式"按钮，新建一个名为"表格内容"的新样式，设置"格式"为"宋体"、"小五"，单击段落"居中"按钮，再单击"确定"按钮，关闭"根据格式设置创建新样式"对话框，完成新建表头样式。

（5）分别选中每一张表格的表头和表格内容，再分别单击"开始"选项卡→"样式"分组→"表头样式"按钮和"表格内容"按钮，即可将相应的样式应用于相应的段落。

（6）将每一张表格设置为水平"居中"。

提示：

新建样式的"样式类型"还可以是字符、链接段落和字符、表格、列表。

6)设置表格样式

为文档中的每一张表格设置样式:表头底纹(颜色:橙色,强调文字颜色6,深色25%)、表格"偶条带行"底纹(颜色:水绿色,强调文字颜色5,淡色40%)。要求将表格样式命名为"美化表格"。

(1)将插入点置于任何一张表格内。

(2)单击"表格工具:设计"选项卡→"表格样式"分组→"网格型"下拉按钮→"新建表格样式"命令,打开"根据格式设置创建新样式"对话框。在"名称"文本框中输入"美化表格"。

(3)"将格式应用于"设置为"整个表格",为表格应用所有框线。其参数设置如图 3.49 所示。

图 3.49 "美化表格"设置框线

(4)单击"格式"下拉按钮,选择"表格属性"选项,打开"表格属性"对话框,如图 3.50 所示。设置"对齐方式"为"居中",单击"确定"按钮,返回"根据格式设置创建新样式"对话框。

图 3.50 "表格属性"对话框

(5)"将格式应用于"设置为"标题行",单击"填充颜色"下拉按钮,选择"橙色,强调文字颜色6,深色25%"选项,如图 3.51 所示。

(6)类似步骤(5),"将格式应用于"设置为"偶条带行",单击"填充颜色"下拉按钮,选择"水绿色,强调文字颜色5,淡色40%"选项。单击"确定"按钮,关闭"根据格式设置创建新样式"对话框,"美化表格"样式创建完成。

图 3.51 "标题行"设置

（7）为文档所有表格应用"美化表格"样式。将插入点置于所需美化的表格内，单击"表格工具：设计"选项卡→"表格样式"分组→"美化表格"按钮，表格美化即完成；对其余表格重复该过程。注意保存文档。

7）设置"图表名称"格式

文档中表格和图的名称格式要求：新建样式"图表名称"，设置格式为黑体、小五号，居中，单倍行距。

（1）打开"根据格式设置创建新样式"对话框，如图 3.48 所示。

（2）新建一个名为"图表名称"的新样式，设置格式为黑体、小五号，单击段落"居中"按钮，设置行距为"单倍行距"，单击"确定"按钮，关闭"根据格式设置创建新样式"对话框，完成新建。

（3）分别选中每一张表名和图名，分别单击"开始"选项卡→"样式"分组→"图表名称"样式按钮，即可将该样式应用于相应的图或表名称。

（4）将所有的图示设置为水平"居中"，保存文档。美化后的表格效果如图 3.52 所示。

表 4.5 商品信息表结构

编号	字段名称	数据结构	说明
1	Id	int	商品编号不能为空
2	TypeId	int	商品类别
3	Name	varchar	商品名称
4	Producer	varchar	生产厂家
5	SalePrice	Int	销售价格

图 3.52 美化后的表格效果

8. 为文档插入页眉和页脚

按以下要求为本文档插入页眉和页脚。

封面：无页眉、页脚。

页眉：奇数页为"电子商务网站的设计与实现"，左对齐；偶数页为"作者：×××"，右对齐，格式为宋体、小五号。

页脚：只为"论文正文"插入页码，格式为第×页，居中。

1）插入页眉

（1）将插入点置于论文正文第一页（即"1 引言"所在页面，属于分节为第 4 节的第 1 页）内，单击"插入"选项卡→"页眉和页脚"分组→"页眉"下拉按钮→"编辑页眉"命令，出现"页眉和页脚工具：设计"选项卡，如图 3.53 所示。选中"选项"分组中的"奇偶页不同"复选框。

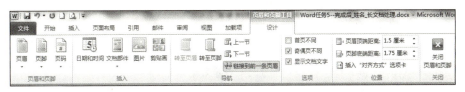

图 3.53 "页眉和页脚工具：设计"选项卡

（2）插入偶数页页眉。按 Ctrl+R 组合键，设置文本右对齐（因为当前页为偶数页，要求页眉右对齐）。

（3）插入"剪贴画"和"作者：×××"。单击"插入"选项卡→"插图"分组→"剪贴画"按钮，打开"剪贴画"窗格，单击"搜索"按钮，在出现的剪贴画中插入"▬▬▬▬▬▬▬▬▬"，将该图片的高度和宽度分别设置为 0.15 厘米和 9.13 厘米；输入文本"作者：×××"，并设置格式为宋体、小五号。

（4）插入奇数页页眉。滚动鼠标滚轮，出现下一页（即奇数页），将插入点置于页眉处，按两次 Backspace 键，取消首行缩进。输入文本"电子商务网站的设计与实现"，并设置格式为宋体、小五号；单击"页眉和页脚工具：设计"选项卡→"插入"分组→"剪贴画"按钮，打开"剪贴画"窗格，单击"搜索"按钮，在出现的剪贴画中插入"▬▬▬▬▬▬▬▬▬"，将该图片的高度和宽度分别设置为 0.15 厘米和 9.13 厘米。

（5）取消"链接到前一条页眉"。往前滚动鼠标滚轮，定位在第三页（即空白页），将插入点定位于该页面的"页眉"处，单击"导航"分组→"链接到前一条页眉"按钮，即取消"链接到前一条页眉"。此操作目的是删除封面上的"页眉"，不至于影响后面的"页眉"。

（6）删除封面上的"页眉"。将插入点定位在封面的"页眉"处，删除"电子商务网站的设计与实现▬▬▬▬▬▬▬▬▬"，单击"页眉和页脚工具：设计"选项卡→"关闭"分组→"关闭页眉和页脚"按钮。至此，页眉设置结束。

提示：

（1）对于奇数页页眉中的剪贴画，也可以采用复制、粘贴的方法完成插入操作。

（2）对于已经存在的页眉或页脚，在页眉或页脚处直接双击即可对其进行编辑、修改。

2）插入页脚

（1）将插入点置于论文正文第一页（即"1 引言"所在页面，属于分节为第 4 节的第 1 页）内，单击"插入"选项卡→"页眉和页脚"分组→"页脚"下拉按钮→"编辑页脚"命令，出现"页眉和页脚工具：设计"选项卡，如图 3.53 所示。

（2）先将页脚区右下角的有页码的文本框选中并删除。单击"导航"分组→"链接到前一条页眉"按钮，即可取消与前面几节页脚的链接，也就是本节设置的页脚与前几节无关。单击"页眉和页脚"分组→"页码"下拉按钮→"设置页码格式"命令，打开"页码格式"对话框，如图 3.54 所示。在"页码编号"选项组中选中"起始页码"单选按钮，值设置为"1"，单击"确定"按钮。

图 3.54 "页码格式"对话框

（3）插入偶数页页脚。按 Ctrl+E 组合键，设置文本居中对齐（最好取消首行缩进设置）。

输入文本"第页",然后将插入点置于"第页"的中间,单击"页眉和页脚"分组→"页码"下拉按钮→"当前位置"→"普通数字"命令即可,设置效果如图 3.55 所示。

偶数页页脚 - 第 4 节 -   第 2 页

图 3.55 设置效果

(4)插入奇数页页脚。单击"导航"分组→"链接到前一条页眉"按钮,即可取消与前面几节页脚的链接,也就是本节设置的页脚与前几节无关。按 Ctrl+E 组合键,设置文本居中对齐(最好取消首行缩进设置)。输入文本"第页",然后将插入点置于"第页"的中间,单击"页眉和页脚"分组→"页码"下拉按钮→"当前位置"→"普通数字"命令即可。

(5)设置完成后,单击"页眉和页脚工具:设计"选项卡→"关闭"分组→"关闭页眉和页脚"按钮。页脚插入操作结束。

9. 为文档生成目录

最后为文档生成目录。

放置位置:"摘要"后面第三页空白页处。

目录标题:"目录"二字格式为宋体、三号、加粗,居中。

目录内容:宋体、五号,行距为固定值 20 磅。

1)插入目录标题

(1)将插入点置于"摘要"和"正文"之间的空白页的第一行的最左边,输入文本"目录",按 Enter 键,增加一个自然段。

(2)设置格式。选中"目录",在"开始"选项卡→"字体"分组中设置"字体"为"宋体","字号"为"三号",单击"加粗"按钮;单击"段落"分组→"居中"按钮。

2)插入目录内容

(1)将插入点置于"目录"的下一行。

(2)单击"引用"选项卡→"目录"分组→"目录"下拉按钮→"插入目录"命令,打开"目录"对话框,如图 3.56 所示,注意其中的选项设置,单击"确定"按钮,即可将应用了"标题 1""标题 2""标题 3"样式的文本插入目录中。

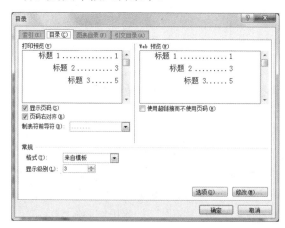

图 3.56 "目录"对话框

（3）设置目录内容格式。选中整个目录内容，取消“首行缩进”，然后在“开始”选项卡→“字体”分组中设置“字体”为“宋体”，“字号”为“五号”；单击“段落”分组→“行距”下拉按钮→“行距选项”命令，打开“段落”对话框，设置“行距”为“固定值”，值为“20磅”。部分目录页面效果如图 3.57 所示。

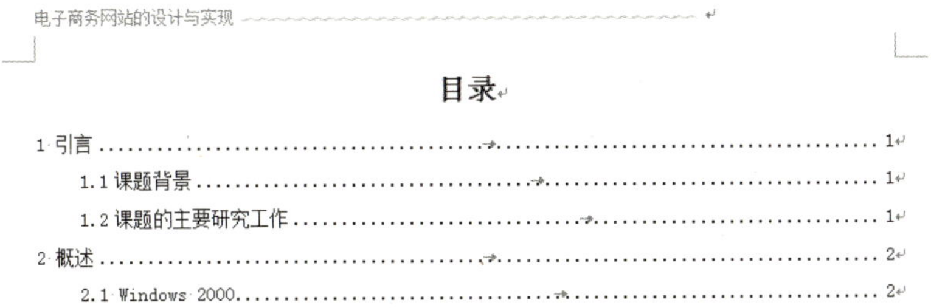
电子商务网站的设计与实现

目录

1 引言……1
1.1 课题背景……1
1.2 课题的主要研究工作……1
2 概述……2
2.1 Windows 2000……2

图 3.57　部分目录页面效果

提示：

（1）可以在“目录”下拉列表中选择“自动目录 1”或“自动目录 2”选项完成目录的插入操作。

（2）也可将用户自定义样式的文本插入目录中。

10. 生成学生成绩通知单

利用已有的“邮件合并成绩通知单.docx”和“邮件合并数据源.xlsx”，通过 Word 2010 的邮件合并功能完成某小学“学生成绩通知单”的制作。

1）邮件合并准备

（1）双击文件名为“邮件合并成绩通知单.docx”的 Word 文档，打开文件。

（2）单击“邮件”选项卡→“开始邮件合并”分组→“开始邮件合并”下拉按钮→“邮件合并分步向导”命令，打开“邮件合并”窗格，如图 3.58 所示。通过“向导”完成邮件合并的操作需要 6 个步骤。

2）邮件合并操作

（1）选择文档类型。在图 3.58 所示的窗格中，选中“信函”单选按钮，单击“下一步：正在启动文档”按钮。

（2）选择开始文档。选中“使用当前文档”单选按钮，单击“下一步：选取收件人”按钮。

（3）选择收件人。选中“使用现有列表”单选按钮，单击“选择另外的列表”超链接，如图 3.59 所示，打开“选取数据源”对话框，在对话框中找到“邮件合并数据源.xlsx”Excel 文档，单击“打开”按钮，打开“选择表格”对话框，如图 3.60 所示。单击“确定”按钮。打开“邮件合并收件人”对话框，如图 3.61 所示，单击“确定”按钮，返回“邮件合并”窗格。单击“下一步：撰写信函”按钮。

提示：

在“邮件合并收件人”对话框中，如果在“调整收件人列表”中选择某个选项，则可以只合并符合条件的数据源。例如，单击“筛选”超链接，可以只生成类似“语文≥70”的学生成绩通知单。

（4）撰写信函。将插入点定位在文本“尊敬的　同学”的中间空白处，单击“撰写信函”步骤窗格中的“其他项目”超链接，打开“插入合并域”对话框，如图 3.62 所示。在“域”

列表框中选择"姓名"选项,单击"插入"按钮,在文档的插入点处插入《姓名》域,单击"关闭"按钮,退出"插入合并域"对话框。继续将插入点定位到需要出现 Excel 数据源表格中的数据处,分别插入图 3.62 所示的各个数据域,如图 3.63 所示。单击"下一步:预览信函"按钮。

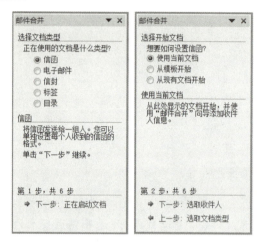

图 3.58 "邮件合并"第 1、2 步

图 3.59 "邮件合并"第 3、4 步

图 3.60 "选择表格"对话框

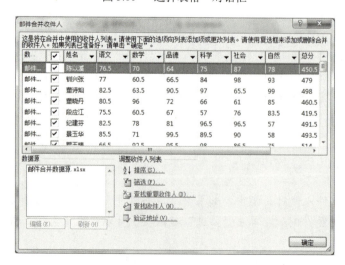

图 3.61 "邮件合并收件人"对话框

项目3 文字处理软件Word

图 3.62 "插入合并域"对话框

成绩通知单

尊敬的 «姓名» 同学的家长：

您好。现将 «姓名» 同学的期末成绩发送给您，以便您知晓您孩子在学校的学习情况。

姓名	语文	数学	品德	科学	社会	自然	总分	排名
«姓名»	«语文»	«数学»	«品德»	«科学»	«社会»	«自然»	«总分»	«排名»

图 3.63 "插入合并域"效果图

（5）预览信函。单击"下一步：完成合并"按钮，如图 3.64 所示。

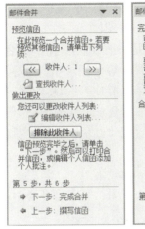

图 3.64 "邮件合并"第 5、6 步

（6）完成合并。单击"编辑单个信函"超链接，打开"合并到新文档"对话框，如图 3.65 所示。单击"确定"按钮，会打开一个名为"信函 1"的 Word 文档，该文档包含了数据源中所有学生的成绩通知单，将该文档另存为"姓名_成绩通知单.docx"，完成邮件合并的操作。

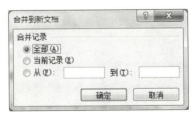

图 3.65 "合并到新文档"对话框

综合练习题

1．新建一个 Word 文档，命名为"Word 操作 1.docx"，输入本年度流行的网络用语、表情

符号及特殊符号等,并插入下面的表达式。

$$\int a^x \mathrm{d}x = \frac{1}{\ln a} a^x + C, \quad \lim_{x \to \infty} \left(1 + \frac{1}{x}\right)^x = \mathrm{e}$$

2. 打开"Word 操作 2.docx"文档,按下列要求进行操作。

(1) 将文档中所有的"手动换行符"替换为"段落标记",并删除空行。

(2) 插入图片"不良饮食.jpg",设置格式:大小为原图的 80%,柔化边缘 5 磅,穿越型环绕效果。

(3) 设置标题"远离七大不良饮食习惯"格式为二号、楷体、加粗、倾斜、着重号,文本效果为阴影(外部、右下斜偏移);居中,段前、段后间距各 2 行,单倍行距。

(4) 设置一级标题:字符缩放 120%,字符间距加宽 5 磅。
文本效果:红色,8pt 发光,强调文字颜色 2,段前、段后间距各 1 行,单倍行距。

(5) 设置正文格式(中西文字符使用相同格式):小四号、宋体,加宽 2 磅,首行缩进 2 字符,行距 20 磅。

(6) 为第一段正文"良好合理的饮食习惯是……"加上边框:红色、三维边框、宽度 2.25 磅。

(7) 为正文倒数第二段"此外……"设置:等长栏,栏宽相等,分隔线,首字下沉。

(8) 为"高脂血症、高血压病、糖尿病、肥胖症等"设置:红色实心菱形项目符号。

3. 打开"Word 操作 3.docx"文档,按下列要求进行操作。

(1) 将正文中所有"帝王蛾"的格式设置成"红色、加粗、蓝色下画线"。

(2) 将正文最后一个段落"泰戈尔……"移到正文的最前面,使其成为第一个段落,移动后段落"你不能施舍给我翅膀"成为文章的标题段落。

(3) 设置文中图片格式:高 4 厘米、宽 3 厘米,紧密型环绕,水平方向居中对齐。

(4) 在文档末尾制作表 3.2 所示的表格。要求:

① 单元格中的文本及布局如表 3.2 所示。

② 设置单元格边框线颜色:白色,背景 1,深色 25%。

设置底纹填充颜色:"橙色,强调文字颜色 6,淡色 60%"(行、列标题),"橙色,强调文字颜色 6,深色 25%"(体重部分),橙色、黄色、浅绿、绿色、浅蓝、蓝色、深蓝、紫色(分别对应 7 码至 21 码),浅绿(左上角单元格)。

表 3.2　某品牌牛仔裤参考尺码推荐表

一步选码		以下根据平均身材得出,适合大多数人群,如有疑问请咨询客服。											
体重(斤) 身高(CM)		95	100	105	110	115	120	125	130	135	140	150	160
155CM													
160CM								13		15	17	19	21
165CM		7		9		11							
170CM													

4. 打开"Word 操作 4.docx"文档,按下列要求进行操作。

(1) 将标题"浅谈羽绒服的由来和发展"设置成艺术字:采用"渐变填充-蓝色,强调文字颜色1"样式,文字大小为26,上下型环绕,居中,形状效果为"全映像,接触"。将其调整至合适的位置。

(2)在正文的最后一段内插入图片"羽绒服.jpg",设置为紧密型环绕,右对齐,大小为原图的80%。

(3)在图片上方插入自选图形"云形标注",输入文字"这款羽绒服如何?",设置为楷书、小四号,填充浅蓝色,线条为1磅黑色;将图片和自选图形组合,紧密型环绕。

(4)设置一级标题:宋体、四号、加粗,段前、段后间距各1行,单倍行距。

(5)设置二级标题:宋体、小四号、加粗,首行缩进1字符,段前、段后间距各0.5行,单倍行距。

(6)设置正文:楷体、小四号,首行缩进2字符,1.5倍行距。

(7)在正文的最后完成图3.66所示的关于"某品牌羽绒服指数说明"内容。

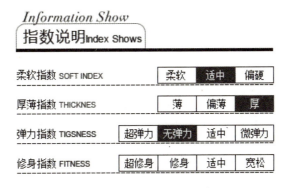

图3.66 某品牌羽绒服指数说明

5.打开"Word操作5.docx"文档,按下列要求进行操作。

(1)设置纸张大小:A4。

设置页边距:上、下、左、右各2.5厘米。

(2)设置文章标题的格式:黑体、小一号,居中,段后间距2.5行。

(3)论文正文使用"正文"样式并修改样式格式:楷体、小四号,字符加宽3磅,首行缩进2字符,1.5倍行距。

论文一级标题使用"标题1"样式并修改样式格式:四号、加粗,段前、段后间距各1行,单倍行距。

论文二级标题使用"标题2"样式并修改样式格式:小四号、加粗,段前、段后间距各1行,单倍行距。

(4)在页脚中插入页码,格式为"第×页";奇数页页脚左对齐,偶数页页脚右对齐。

6.打开"Word操作6.docx"文档,按下列要求进行操作。

(1)取消文档中的所有"超级链接"。

(2)在文档合适的位置插入图片"九寨沟1.jpg""九寨沟2.jpg""九寨沟3.jpg",四周型环绕。

(3)设置文档页面。

① 设置纸张大小:A4。

② 设置页边距:上、下各2.5厘米,左、右各3厘米。

（4）设置题目的格式为宋体、一号、加粗，居中。

（5）论文内容格式化。要求全部必须使用样式实现（使用系统内置样式或根据指定样式名新建样式）。

① 论文正文（包含结论部分）使用"正文"样式并修改样式格式：宋体、小四号，首行缩进 2 字符，行距为固定值 20 磅。

② 论文一级标题使用"标题 1"样式并修改样式格式：宋体、小三号、加粗、段前、段后间距各 1 行，行距为固定值 20 磅。

③ 论文二级标题使用"标题 2"样式并修改样式格式：宋体、四号、加粗，段前、段后间距各 0.5 行，首行缩进 1 字符，行距为固定值 20 磅。

④ 论文三级标题使用"标题 3"样式并修改样式格式：宋体、小四号、加粗，段前、段后间距各 0 行，首行缩进 2 字符，行距为固定值 20 磅。

⑤ 综述标题使用新建"综述标题"样式：宋体、小三号、加粗、居中，段前、段后间距各 1 行，行距为固定值 20 磅，大纲级别 1 级。

（6）分节处理。

① 封面为一节（文档题目单独为一页）。

② 目录为一节。

③ 正文为一节。

④ 正文中的每个一级标题处插入"分页符"。

（7）设置页眉和页脚。

① 封面、目录无页眉、页脚。

② 正文页眉：奇数页的页眉内容为"九寨沟县简介"，格式为宋体、小五号，偶数页的页眉内容为"九寨，神奇的地方"，格式为宋体、小五号。

③ 正文页脚：在页脚中插入页码，格式为"第×页"（如第 1 页），奇数页的页脚左对齐，偶数页的页脚右对齐。

（8）目录生成及目录格式化。

① 在封面和正文之间插入目录。

② 目录标题："目录"二字格式为宋体、三号、加粗、居中。

③ 目录内容：宋体、五号，行距为固定值 20 磅。

项目 4

电子表格处理软件 Excel

Excel 是 Microsoft Office 的主要组件之一,是 Windows 环境下的电子表格处理软件,主要用于对电子表格和表格数据进行处理。Excel 提供了强大的表格制作、数据处理、数据分析、创建图表、图表处理等功能,广泛应用于金融、财务、统计、审计等领域,是一款功能强大、易于操作、深受广大用户喜爱的表格制作与数据处理软件。

本项目主要内容

- Excel 工作簿的建立、保存及打开
- Excel 工作簿的关闭及退出
- 单元格数据的输入、编辑和修改
- 自动填充柄的应用
- 自定义序列的应用
- Excel 工作表的基本操作
- 表格数据的公式和函数计算
- 为单元格添加批注的方法
- 表格格式化的方法
- 设置数值、货币符号、百分比等数字的显示格式
- 设置行高和列宽的方法
- 数据选择性粘贴的方法
- 工作表数据的排序
- 工作表数据的筛选
- 工作表数据的分类汇总
- 工作表数据的图表化
- 创建数据透视表和数据透视图

实训 1　基本操作

实训目的

（1）掌握 Excel 工作簿的建立、保存及打开的方法。

（2）掌握单元格数据输入、编辑和修改的方法。

（3）掌握自动填充柄的使用方法。

（4）掌握自定义序列的基本使用方法。

（5）掌握 Excel 工作簿的关闭及退出的方法。

实训要求

按照图 4.1 所示，完成一张简单的学生成绩表。

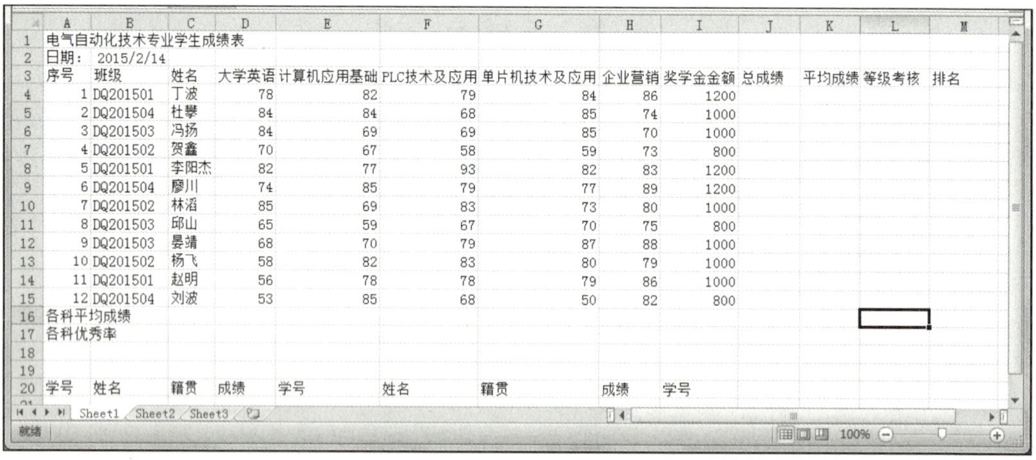

	A	B	C	D	E	F	G	H	I	J	K	L	M
1	电气自动化技术专业学生成绩表												
2	日期：	2015/2/14											
3	序号	班级	姓名	大学英语	计算机应用基础	PLC技术及应用	单片机技术及应用	企业营销	奖学金金额	总成绩	平均成绩	等级考核	排名
4	1	DQ201501	丁波	78	82	79	84	86	1200				
5	2	DQ201504	杜攀	84	84	68	85	74	1000				
6	3	DQ201503	冯扬	84	69	69	85	70	1000				
7	4	DQ201502	贺鑫	70	67	58	59	73	800				
8	5	DQ201501	李阳杰	82	77	93	82	83	1200				
9	6	DQ201504	廖川	74	85	79	77	89	1200				
10	7	DQ201502	林滔	85	69	83	73	80	1000				
11	8	DQ201503	邱山	65	59	67	70	75	800				
12	9	DQ201503	晏靖	68	70	79	87	88	1000				
13	10	DQ201502	杨飞	58	82	83	80	79	1000				
14	11	DQ201501	赵明	56	78	78	79	86	1000				
15	12	DQ201504	刘波	53	85	68	50	82	800				
16	各科平均成绩												
17	各科优秀率												
18													
19													
20	学号	姓名	籍贯	成绩	学号	姓名	籍贯	成绩	学号				

图 4.1　学生成绩表效果

实训步骤

1. 启动 Excel 应用程序

选择“开始”→“所有程序”→Microsoft Office→Microsoft Excel 2010 命令，如图 4.2 所示，启动 Excel 2010 应用程序。

提示：

也可以采用以下方法启动 Excel 应用程序。

（1）利用快捷方式图标启动 Excel 应用程序。如果桌面上有 Excel 的快捷方式图标，则双击该图标即可启动 Excel 应用程序。

（2）通过打开 Excel 文档启动 Excel 应用程序。利用资源管理器或“计算机”找到要打开的 Excel 文档，双击该 Excel 文档图标，或者右击该图标，在弹出的快捷菜单中选择“打开”命令，即可启动 Excel 应用程序，同时打开此文档。

项目4　电子表格处理软件Excel

图 4.2　启动 Excel 应用程序

2. 新建 Excel 工作簿

启动 Excel，系统自动创建一个默认文件名为"工作簿 1"的工作簿，如图 4.3 所示。如果用户需要创建的新工作簿不是普通工作簿，而是一些特殊工作簿，如日历、业务表、发票等，则可使用 Excel 提供的模板。

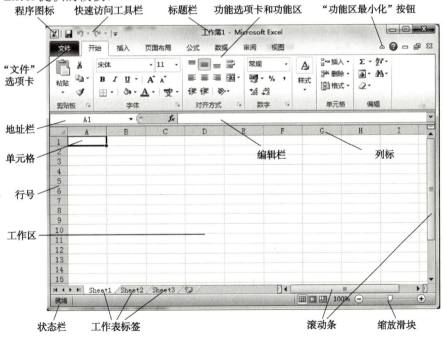

图 4.3　Excel 工作窗口

提示：
也可以采用以下方法新建 Excel 工作簿。

（1）选择“文件”选项卡→“新建”命令，选择“空白工作簿”选项，单击“创建”按钮。

（2）单击快速访问工具栏中的“新建”按钮，或者按 Ctrl+N 组合键，新建一个默认的空白工作簿。

3. 输入Excel工作簿基础数据

在空白工作簿中，按图 4.4 所示输入基础数据。在 Excel 中建立数据清单的方法有两种：一种方法是直接在工作表中输入字段名和数据，输入时可以编辑、修改；另一种方法是使用“记录单”对话框建立数据清单，记录单可以单个逐条地处理数据记录，操作起来简单、灵活。

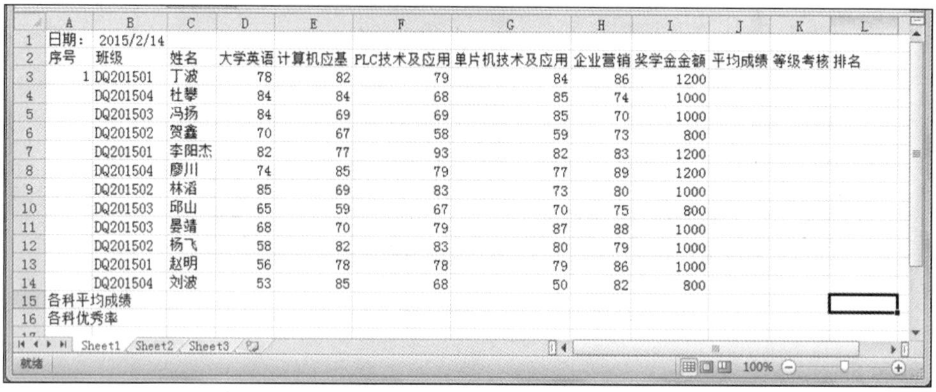

	A	B	C	D	E	F	G	H	I	J	K	L
1	日期:	2015/2/14										
2	序号	班级	姓名	大学英语	计算机应基	PLC技术及应用	单片机技术及应用	企业营销	奖学金金额	平均成绩	等级考核	排名
3	1	DQ201501	丁波	78	82	79	84	86	1200			
4		DQ201504	杜攀	84	84	68	85	74	1000			
5		DQ201503	冯扬	84	69	69	85	70	1000			
6		DQ201502	贺鑫	70	67	58	59	73	800			
7		DQ201501	李阳杰	82	77	93	82	83	1200			
8		DQ201504	廖川	74	85	79	77	89	1200			
9		DQ201502	林滔	85	69	83	73	80	1000			
10		DQ201503	邱山	65	59	67	70	75	800			
11		DQ201503	晏靖	68	70	79	87	88	1000			
12		DQ201502	杨飞	58	82	83	80	79	1000			
13		DQ201501	赵明	56	78	78	79	86	1000			
14		DQ201504	刘波	53	85	68	50	82	800			
15	各科平均成绩											
16	各科优秀率											

图 4.4　学生成绩表初步效果图

下面主要介绍直接在工作表中输入数据清单的步骤。

（1）选择单元格 A1 为活动单元格，直接输入文字“日期:”。

（2）按 Enter 键结束对该单元格的输入。

（3）单击单元格 B1，使其成为活动单元格，输入“2015/2/14”。

（4）用同样的方法，在单元格区域 A15:A16（A15～A16）中分别输入“各科平均成绩”“各科优秀率”。

（5）在单元格区域 A2:L2（A2～L2）中分别输入“序号”“班级”“姓名”“大学英语”“计算机应基”“PLC 技术及应用”“单片机技术及应用”“企业营销”“奖学金金额”“平均成绩”“等级考核”“排名”。

（6）在单元格区域 A3:I3（A3～I3）中分别输入“1”“DQ201501”“丁波”“78”“82”“79”“84”“86”“1200”。

（7）用同样的方法，按照图 4.4 把表格中的内容输入完毕。

提示：

（1）单元格可接受的两种基本类型的数据为常量和公式。

（2）Excel 能够识别常量数据，包括文本型、数值型和日期时间型等。默认情况下，文本型数据是靠左对齐的，数值型数据和日期时间型数据是靠右对齐的。

（3）Excel 内置了一些日期与时间格式。当输入数据与这些格式相匹配时，Excel 将把它们识别为日期时间型数据。yy/mm/dd、yy-mm-dd 等都是 Excel 常用的内置格式。

（4）日期使用斜线或连字符“-”输入，格式比较自由，如“1995/9/5”或“1995-9-5”。

（5）时间用冒号“:”输入，一般以 24 小时格式表示时间，若要以 12 小时格式表示时间，则需在时间后加上 A（AM）或 P（PM）。A 或 P 与时间之间要空一格。

（6）在同一单元格中可以同时输入时间和日期，不过彼此之间要空一格。

4. 保存 Excel 工作簿

在工作表中输入了数据后，应该及时将电子表格文件保存在磁盘上以备日后编辑和使用。

（1）打开"另存为"对话框。选择"文件"选项卡→"保存"命令，或者单击快速访问工具栏中的"保存"按钮，打开图4.5所示的"另存为"对话框。

图4.5 "另存为"对话框

（2）选择保存位置。在 Excel 中，文档默认保存的位置是文档库，单击导航窗格的"计算机"选项组中的"本地磁盘(C:)"，将文档存放在 C 盘的根文件夹下。

（3）使用"学生成绩表"作为该 Excel 文档的文件名进行保存。在"文件名"文本框中，将保存的文档名改为"学生成绩表"。

（4）保存。单击"保存"按钮，即把刚才输入的内容使用指定的文件名保存了。

（5）退出 Excel 应用程序。保存完毕后，单击 Excel 窗口的 ⊠ 按钮，或者选择"文件"选项卡→"退出"命令，退出整个 Excel 应用程序。

提示：

也可以采用以下方法退出 Excel 应用程序。

（1）单击任务栏中的 Excel 图标，关闭想要关闭的文档。

（2）按 Alt+F4 组合键。

（3）双击 Excel 2010 标题栏左侧的程序图标。

Excel 新建文件的默认保存扩展名为 xlsx。为了保证以后在编辑工作簿的过程中能够随时随地保存文件内容，用户可以在图4.6所示的"Excel 选项"对话框的"保存"选项卡中选中"保存自动恢复信息时间间隔"复选框，以调整自动恢复文档的时间间隔。

5. 打开并修改已保存的 Excel 工作簿

1）打开刚才保存的 Excel 文档

（1）再次启动 Excel 应用程序，选择"文件"选项卡→"打开"命令，或者按 Ctrl+O 组合键，打开图4.7所示的"打开"对话框。

图 4.6 "Excel 选项"对话框的"保存"选项卡

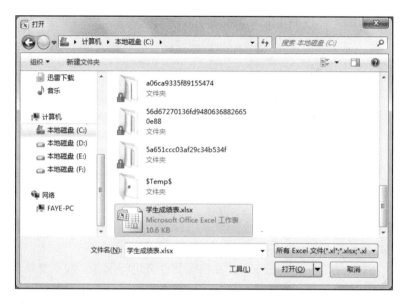

图 4.7 "打开"对话框

(2)在导航窗格的"计算机"选项组中选择刚才保存文档的位置 C 盘,并找到"学生成绩表.xlsx"文件,最后单击"打开"按钮将该电子表格打开。

提示:

选择"文件"选项卡→"最近所用文件"命令,在列出的文档名称中,根据需要单击相应的文档名称可以快速打开文件。

2)修改数据表中的内容

(1)为工作表添加表格标题"电气自动化技术专业学生成绩表"。

① 选择单元格 A1 使其成为活动单元格,右击,在弹出的快捷菜单中选择"插入"命令,打开图 4.8 所示的"插入"对话框,选中"整行"单选按钮,最后单击"确定"按钮关闭此对话框。此时之前输入的所有数据均向下移动了一行,A1 成了空白单元格。

② 在单元格 A1 中输入"电气自动化技术专业学生成绩表",完成修改。

(2)将单元格 E3 中的错误数据改为正确数据,即将"计算机应基"改为"计算机应用基础"。

① 将想要更改内容的单元格 E3 设置为活动单元格,此时,在图 4.9 所示的编辑栏中显示的是该活动单元格中的内容。

项目4　电子表格处理软件Excel

图4.8　"插入"对话框　　　　　　　　图4.9　编辑栏

②将鼠标指针指向编辑栏，在要开始编辑的位置单击，此时会出现闪烁的垂直光标，移动光标修改数据或者重新输入正确的数据。

③修改后，如果有误操作，则单击编辑栏左侧的按钮，取消本次修改。如果确认修改，则单击✓按钮，活动单元格保留在原来位置上；或者按Enter键，确认修改操作，活动单元格向下移动一格。

提示：

（1）双击想要修改的单元格或将光标移到该单元格中单击并按F2键，垂直光标会直接出现在活动单元格内，也可以直接在单元格中修改，修改后按Enter键确认。

（2）要删除一个或多个单元格中的内容，则选取这些单元格，然后按Delete键即可。

（3）插入列的操作。

对比图4.1和图4.4，在图4.1中，J3单元格中的内容是"总成绩"，即需要在"奖学金金额"和"平均成绩"之间插入"总成绩"。

①选中单元格J3，右击，在弹出的快捷菜单中选择"插入"命令，会出现图4.8所示的"插入"对话框，选中"活动单元格右移"单选按钮或"整列"单选按钮，最后单击"确定"按钮关闭此对话框。此时"平均成绩"移动到了K3单元格，J3成了空白单元格。

②在单元格J3中输入"总成绩"，完成修改。

3）应用自动填充柄

在实际生活中经常见到一组相互关联、有着固定增减规律的数据，对于此类数据，在Excel中可以利用"填充柄"（也称为"序列填充柄"）的功能来简化其输入。在选中某个单元格或某个区域后，其右下角的一个黑色小方块称为"填充柄"，如图4.10所示。拖动填充柄，可以进行自动填充（向下或向右拖动为增大，向上或向左拖动为减小）。

（1）选中单元格A4，使其成为活动单元格。

（2）将空心十字形的鼠标指针 ✥ 指向填充柄，当鼠标指针变为实心的小十字形 ✚ 时，按住鼠标左键不放，同时按住Ctrl键向下拖动，鼠标指针经过的地方会出现一个不断延伸的虚线框。

（3）一直拖到单元格A15为止，松开鼠标左键，再松开Ctrl键，相应的序列就自动填充在表格区域中，如图4.11所示。

（4）自定义序列的定义和使用。

①在图4.12所示的"Excel选项"对话框的"常规"选项卡中，单击"编辑自定义列表"按钮，会打开图4.13所示的"自定义序列"对话框。在对话框左侧的"自定义序列"列表框中选择"新序列"选项，在"输入序列"列表框中增加自定义序列"学号"、"姓名"、"籍贯"和"成绩"（输入时，每输入一项后按Enter键再输入下一项，如输入"学号"后按Enter键再输入下一项）。所有项输入完成后单击"添加"按钮，就可以在"自定义序列"列表框中看到

新添加的序列,最后单击"确定"按钮退出对话框。

图 4.10 填充柄示意图

图 4.11 拖动填充柄示意图

图 4.12 "Excel 选项"对话框的"常规"选项卡

图 4.13 "自定义序列"对话框

② 在工作表中填充自己定义的自定义序列或系统中已有的自定义序列。

在 A20 单元格中输入"学号",拖动 A20 的填充柄到 I20,观察填充的自定义序列。自定义序列结果如图 4.14 所示。

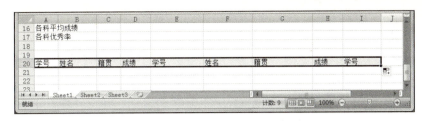

图 4.14　自定义序列结果

提示：

（1）利用填充柄除了可以进行序列填充外，还能进行数据复制及公式复制等操作。

（2）填充序列的方式有两种：一种是填充数值型序列，另一种是填充文本型序列。

6. 结束操作

保存操作完成后的结果，预览效果如图 4.1 所示，然后使用 Windows 操作系统中关闭窗口的方法，结束 Excel 的运行，退出 Excel 应用程序。

实训 2　公式使用

实训目的

（1）掌握 Excel 工作表的基本操作。

（2）掌握表格数据的公式计算方法。

（3）掌握表格数据各种常用函数的计算方法。

（4）掌握为单元格添加批注的方法。

实训要求

按照图 4.15 所示，对学生成绩表中的数据进行计算。

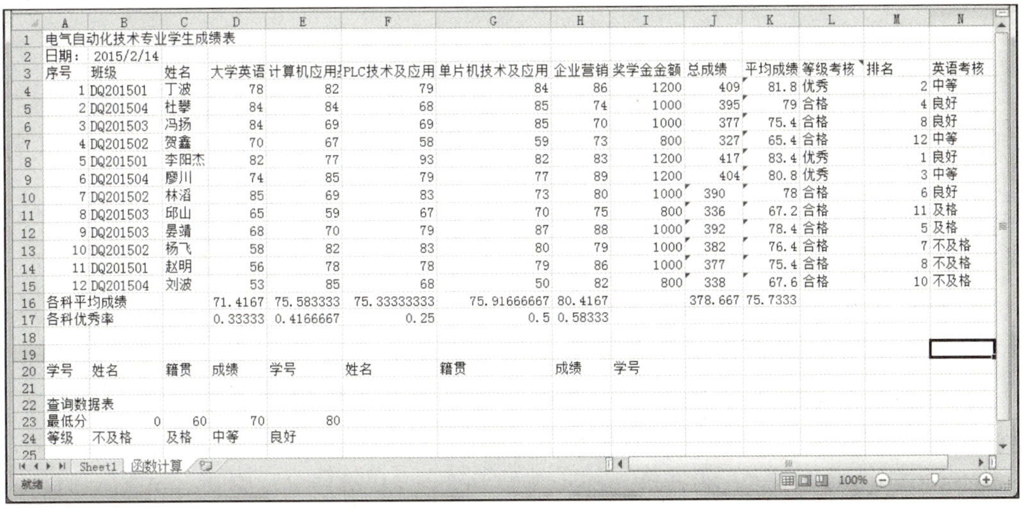

图 4.15　学生成绩表计算后效果图

实训步骤

1. 工作表的基本操作

1）复制工作表

(1) 打开实训 1 保存的"学生成绩表.xlsx"。

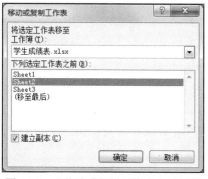

图 4.16 "移动或复制工作表"对话框

(2) 右击 Sheet1 工作表标签,在弹出的快捷菜单中选择"移动或复制"命令,或者选择"开始"选项卡→"单元格"分组→"格式"下拉按钮→"移动或复制工作表"命令,打开图 4.16 所示的"移动或复制工作表"对话框。

(3) 在"下列选定工作表之前"列表框中选择"Sheet2"选项,同时选中"建立副本"复选框,单击"确定"按钮退出。此时在工作表 Sheet1 和 Sheet2 之间多出了工作表 Sheet1(2),将工作表 Sheet1 中的所有内容均复制到工作表 Sheet1(2)之中,如图 4.17 所示。

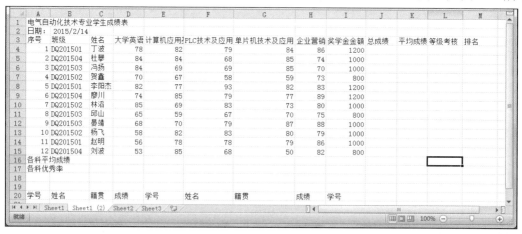

图 4.17 复制的工作表

2）重命名工作表

双击 Sheet1（2）工作表标签,使得原工作表标签加黑显示,输入新名称"函数计算",最后按 Enter 键即可。

提示：

也可以用以下方法对工作表进行重命名。

(1) 右击 Sheet1（2）工作表标签,在弹出的快捷菜单中选择"重命名"命令。

(2) 选中该工作表,然后选择"开始"选项卡→"单元格"分组→"格式"下拉按钮→"重命名工作表"命令。

3）删除工作表

(1) 右击 Sheet2 工作表标签,在弹出的快捷菜单中选择"删除"命令,或者选中该工作表,选择"开始"选项卡→"单元格"分组→"删除"下拉按钮→"删除工作表"命令。

(2) 用同样的方法,将工作表 Sheet3 删除,完成对工作表的基本操作。工作表标签效果如图 4.18 所示。

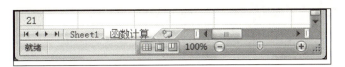

图 4.18　工作表标签效果

2. 使用公式计算前 6 名学生的总成绩

总成绩的计算公式是"总成绩=大学英语+计算机应用基础+PLC 技术及应用+单片机技术及应用+企业营销"。

（1）选中"函数计算"工作表。

（2）如图 4.19 所示，选择单元格 J4，输入公式"=D4+E4+F4+G4+H4"，按 Enter 键确认，可以看到单元格 J4 中出现了计算后的总成绩值，而编辑栏中显示的是其对应的公式。

（3）选择 J4 单元格，向下拖动填充柄至 J9，计算出前 6 名学生的总成绩。

图 4.19　利用公式计算总成绩

提示：

Excel 公式是 Excel 工作表中进行数值计算的等式，可用于执行计算、返回信息、处理其他单元格内容、测试条件等操作。公式以等号（＝）或加号（＋）开始，由常数、单元格引用、函数和运算符等组成，简单的公式有加、减、乘、除等。

3. 使用 SUM 函数计算后 6 名学生的总成绩

（1）选择单元格 J10，单击"公式"选项卡→"函数库"分组→"插入函数"按钮，打开图 4.20 所示的"插入函数"对话框，在"或选择类别"下拉列表中选择"常用函数"选项，在"选择函数"列表框中选择 SUM 函数，单击"确定"按钮，打开图 4.21 所示的"函数参数"对话框。

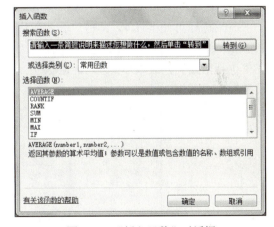

图 4.20　"插入函数"对话框

（2）在"函数参数"对话框的 Number1 文本框中直接输入"D10:H10"，或者单击 Number1 文本框右边的 按钮，打开图 4.22 所示的选择区域对话框，利用鼠标直接在工作表中选取 D10:H10 单元格区域，观察图 4.22 所示对话框中内容的变化，再次单击其右边的按钮，则又回到图 4.21 所示的对话框，单击"确定"按钮关闭此对话框，可以看到单元格 J10 中出现了计算后的总成绩值，而编辑栏中显示的是其对应的公式。

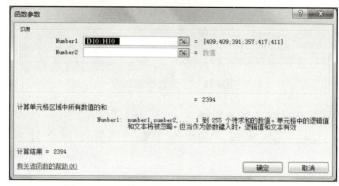

图 4.21 "函数参数"对话框(SUM 函数)

图 4.22 选择区域对话框

(3)选择 J10 单元格,向下拖动填充柄至 J15,计算出后 6 名学生的总成绩。

提示:

也可以用以下方法打开"插入函数"对话框。

(1)选择"开始"选项卡→"编辑"分组→"自动求和"下拉按钮 Σ →"其他函数"命令。

(2)选择"公式"选项卡→"函数库"分组→"自动求和"下拉按钮 Σ →"其他函数"命令。

(3)直接单击编辑栏中的 fx 按钮。

执行以上操作都会打开"插入函数"对话框,继而可以对函数进行计算。

4. 使用 AVERAGE 函数计算平均成绩

(1)选择单元格 K4,单击"公式"选项卡→"函数库"分组→"插入函数"按钮,打开图 4.20 所示的"插入函数"对话框,在"或选择类别"下拉列表中选择"常用函数"选项,在"选择函数"列表框中选择 AVERAGE 函数,单击"确定"按钮,打开图 4.23 所示的"函数参数"对话框。

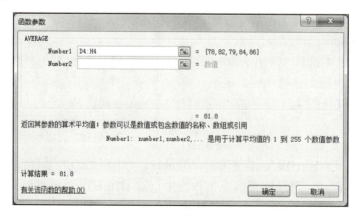

图 4.23 "函数参数"对话框(AVERAGE 函数)

(2)在"函数参数"对话框的 Number1 文本框中直接输入"D4:H4",或者单击 Number1 文本框右边的 按钮,打开图 4.22 所示的选择区域对话框,利用鼠标直接在工作表中选取

D4:H4 单元格区域，观察图 4.22 所示对话框中内容的变化，再次单击其右边的按钮，则又回到图 4.23 所示的对话框，单击"确定"按钮关闭此对话框，可以看到 K4 中出现了计算后的平均成绩值，而编辑栏中显示的是其对应的公式。

（3）选择 K4 单元格，向下拖动填充柄至 K15，计算出所有学生的平均成绩。

（4）用同样的方法，在 D16:H16、J16:K16 中分别计算出"大学英语""计算机应用基础""PLC 技术及应用""单片机技术及应用""企业营销""总成绩""平均成绩"的平均值。

5. 使用 IF 函数计算等级考核

假设平均分 80 分以上为优秀，其余为合格。

（1）选择单元格 L4，单击"公式"选项卡→"函数库"分组→"插入函数"按钮，打开图 4.20 所示的"插入函数"对话框，在"或选择类别"下拉列表中选择"常用函数"选项，在"选择函数"列表框中选择 IF 函数，单击"确定"按钮，打开图 4.24 所示的"函数参数"对话框。

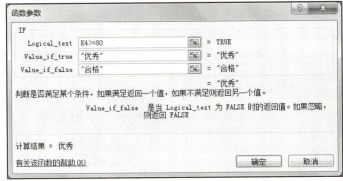

图 4.24 "函数参数"对话框（IF 函数）

（2）在"函数参数"对话框的 Logical_test 文本框中直接输入"K4>=80"（注意在英文输入法状态下完成公式的输入），在 Value_if_true 文本框中直接输入""优秀""，在 Value_if_false 文本框中直接输入""合格""，最后单击"确定"按钮关闭对话框。

（3）选择 L4 单元格，向下拖动填充柄至 L15，计算出所有学生的等级考核。

6. 使用 RANK.EQ 函数计算排名

（1）选择单元格 M4，单击"公式"选项卡→"函数库"分组→"插入函数"按钮，打开图 4.20 所示的"插入函数"对话框，在"或选择类别"下拉列表中选择"全部"选项，在"选择函数"列表框中选择 RANK.EQ 函数，单击"确定"按钮，打开图 4.25 所示的"函数参数"对话框。

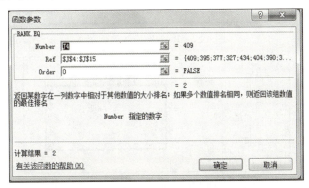

图 4.25 "函数参数"对话框（RANK.EQ 函数）

（2）在“函数参数”对话框的Number文本框中直接输入“J4”，或者直接单击J4单元格，在Ref文本框中直接输入“$J$4:$J$15”（输入时需要使用绝对引用的单元格格式，以免公式在复制时引用单元格区域发生变化），在Order文本框中直接输入“0”，最后单击“确定”按钮关闭对话框。

（3）选择M4单元格，向下拖动填充柄至M15，计算出所有学生的排名。

提示：

原RANK函数在Excel 2010版本中更新为RANK.EQ函数。从运算结果上看，RANK函数和RANK.EQ函数一样，所有RANK.EQ函数可以与RANK函数同时使用并且作用相同。RANK函数和RANK.EQ函数是用来计算某数据在一列数据中相对于其他数据的大小排名的，使用时需要设置3个参数，即需要排名的数据、需要排名的数据区域、[升序/降序]。具体来说，参数Number指的是需要排名的数据；参数Ref指的是需要排名的数据区域，又因为需要排名的数据区域是固定一致的，所以Ref文本框中的数据区域在输入时需要使用绝对引用的单元格格式，以免公式在复制时引用单元格区域发生变化；参数Order指定了排名的方式，如果为0或忽略则为降序，如果为非零值则为升序。

RANK.AVG函数是Excel 2010版本的新增函数，属于RANK函数的分支函数。RANK.AVG函数和RANK.EQ函数在参数形式上是一样的，不同之处在于，RANK.AVG函数对于数值相等的情况，返回该数值的平均排名；而作为对比，RANK.EQ函数对于相等的数值，返回其最高排名。

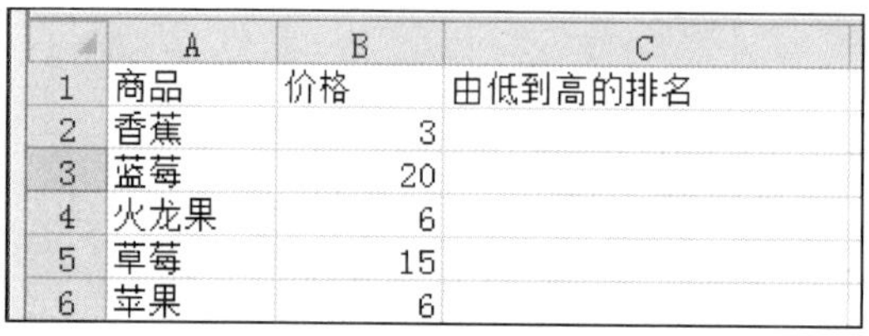

	A	B	C
1	商品	价格	由低到高的排名
2	香蕉	3	
3	蓝莓	20	
4	火龙果	6	
5	草莓	15	
6	苹果	6	

图4.26　水果价格表

下面以图4.26所示的水果价格表为例进行说明，要求如下。

（1）在C列中对价格进行排名，并且要求按由低到高的顺序排名。

先使用RANK函数排名，如图4.27所示，选择C2单元格，输入公式“=RANK (B2,$B$2:$B$6,1)”，因为这里是升序，所以Order为1，按Enter键得到结果。选择C2单元格，向下拖动填充柄至C6，计算出所有价格的排名，如图4.28所示。

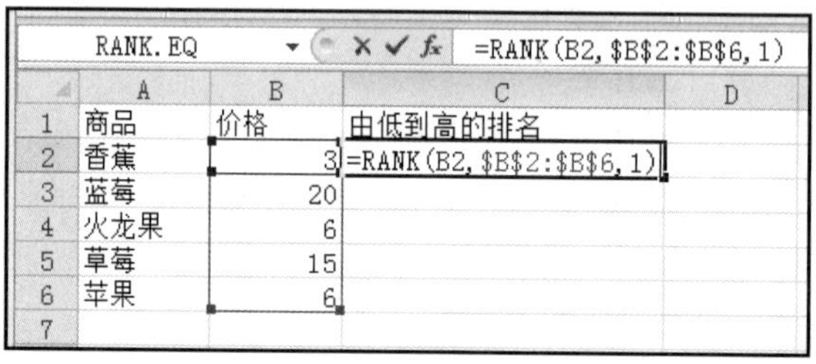

RANK.EQ　=RANK(B2,$B$2:$B$6,1)

	A	B	C	D
1	商品	价格	由低到高的排名	
2	香蕉	3	=RANK(B2,$B$2:$B$6,1)	
3	蓝莓	20		
4	火龙果	6		
5	草莓	15		
6	苹果	6		
7				

图4.27　RANK函数的使用

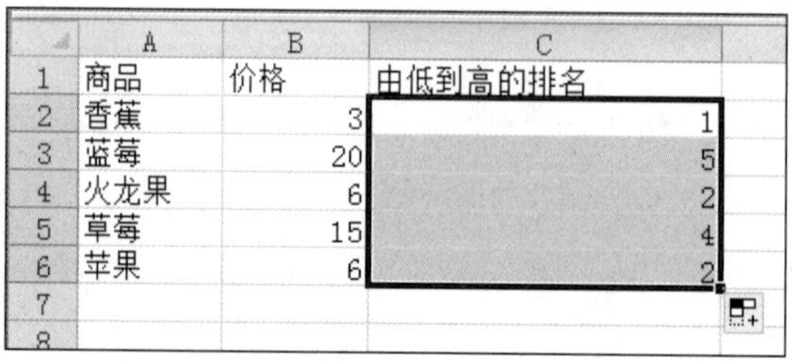

	A	B	C
1	商品	价格	由低到高的排名
2	香蕉	3	1
3	蓝莓	20	5
4	火龙果	6	2
5	草莓	15	4
6	苹果	6	2
7			
8			

图4.28　使用RANK函数的最终排名结果

（2）分别把函数名换成 RANK.EQ 和 RANK.AVG 计算价格的排名，如图 4.29 至图 4.31 所示。

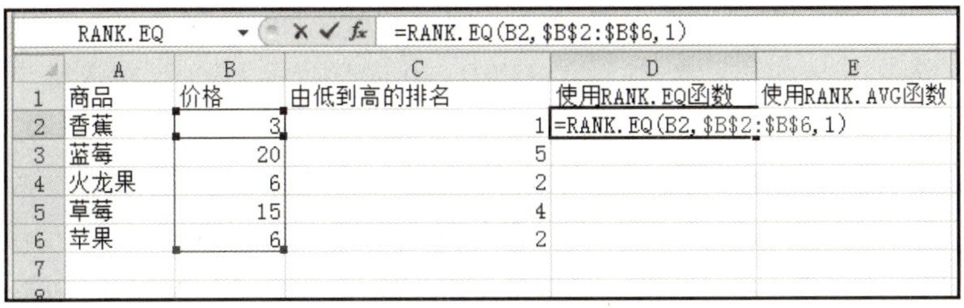

RANK.EQ　=RANK.EQ(B2, $B$2:$B$6, 1)

	A	B	C	D	E
1	商品	价格	由低到高的排名	使用RANK.EQ函数	使用RANK.AVG函数
2	香蕉	3	1	=RANK.EQ(B2, $B$2:$B$6, 1)	
3	蓝莓	20	5		
4	火龙果	6	2		
5	草莓	15	4		
6	苹果	6	2		
7					

图 4.29　RANK.EQ 函数的使用

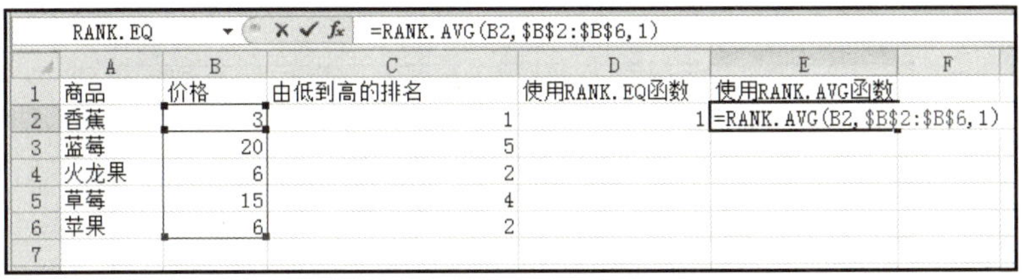

RANK.EQ　=RANK.AVG(B2, $B$2:$B$6, 1)

	A	B	C	D	E	F
1	商品	价格	由低到高的排名	使用RANK.EQ函数	使用RANK.AVG函数	
2	香蕉	3	1	1	=RANK.AVG(B2, $B$2:$B$6, 1)	
3	蓝莓	20	5			
4	火龙果	6	2			
5	草莓	15	4			
6	苹果	6	2			
7						

图 4.30　RANK.AVG 函数的使用

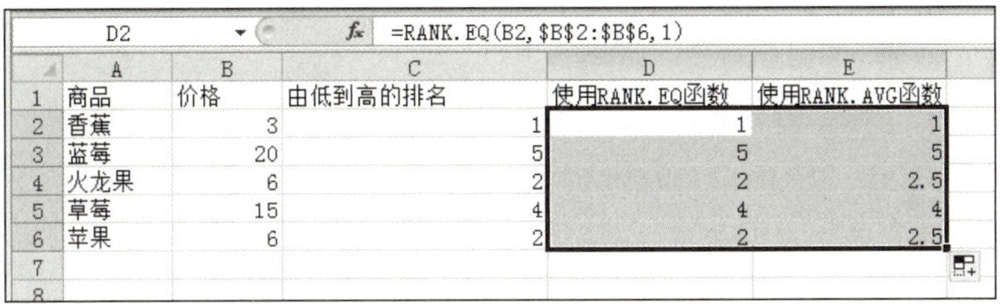

D2　=RANK.EQ(B2, $B$2:$B$6, 1)

	A	B	C	D	E
1	商品	价格	由低到高的排名	使用RANK.EQ函数	使用RANK.AVG函数
2	香蕉	3	1	1	1
3	蓝莓	20	5	5	5
4	火龙果	6	2	2	2.5
5	草莓	15	4	4	4
6	苹果	6	2	2	2.5
7					

图 4.31　使用 RANK.EQ 函数和 RANK.AVG 函数的最终排名结果

由图 4.32 可以发现，RANK.EQ 函数和 RANK 函数的排名结果是一样的；而 RANK.AVG 函数对于数值相等的情况，会返回该数值的平均排名，如图 4.33 所示。

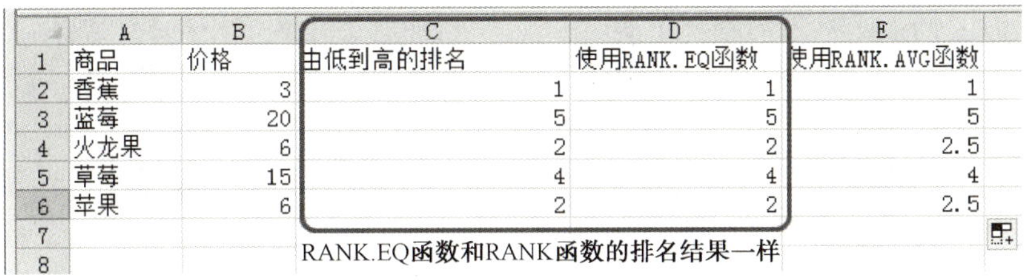

	A	B	C	D	E
1	商品	价格	由低到高的排名	使用RANK.EQ函数	使用RANK.AVG函数
2	香蕉	3	1	1	1
3	蓝莓	20	5	5	5
4	火龙果	6	2	2	2.5
5	草莓	15	4	4	4
6	苹果	6	2	2	2.5
7					
8					

图 4.32　RANK.EQ 函数和 RANK 函数结果比较

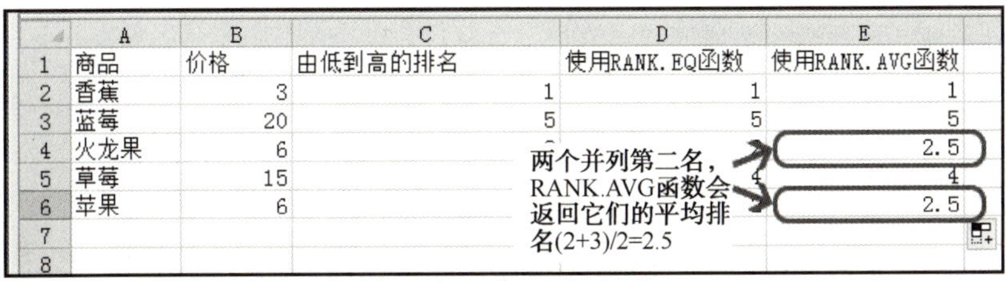

	A	B	C	D	E
1	商品	价格	由低到高的排名	使用RANK.EQ函数	使用RANK.AVG函数
2	香蕉	3	1	1	1
3	蓝莓	20	5	5	5
4	火龙果	6			2.5
5	草莓	15			4
6	苹果	6			2.5
7					
8					

图 4.33　RANK. AVG 函数结果分析

由此可知，新增的函数相当于把 RANK 函数拆分成两个函数：RANK.EQ 函数保留原来的作用，而 RANK.AVG 函数能提高对重复值的排名精度。

7. 使用 COUNTIF 函数及 COUNT 函数计算各科优秀率

优秀率的计算公式为"优秀率=成绩大于等于 80 的学生人数/学生总人数"。优秀率的计算需要用到两种函数，即 COUNTIF 函数和 COUNT 函数。

1）使用 COUNTIF 函数计算大学英语成绩为优秀的学生人数

（1）选择单元格 D17，单击"公式"选项卡→"函数库"分组→"插入函数"按钮，打开图 4.20 所示的"插入函数"对话框，在"或选择类别"下拉列表中选择"常用函数"选项，在"选择函数"列表框中选择 COUNTIF 函数，单击"确定"按钮，打开图 4.34 所示的"函数参数"对话框。

图 4.34 "函数参数"对话框（COUNTIF 函数）

（2）在"函数参数"对话框的 Range 文本框中直接输入"D4:D15"，在 Criteria 文本框中直接输入优秀条件">=80"（注意在英文输入法状态下完成公式的输入），最后单击"确定"按钮关闭对话框。此时在单元格 D17 中可显示大学英语成绩为优秀的学生人数。

2）使用 COUNT 函数计算大学英语的优秀率

（1）选择单元格 D17，在编辑栏中将插入点置于公式的最末处，输入符号"/"，然后打开图 4.20 所示的"插入函数"对话框，在"或选择类别"下拉列表中选择"常用函数"选项，在"选择函数"列表框中选择 COUNT 函数，单击"确定"按钮，打开图 4.35 所示的"函数参数"对话框。

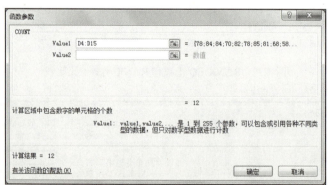

图 4.35 "函数参数"对话框（COUNT 函数）

（2）在"函数参数"对话框的 Value1 文本框中直接输入"D4:D15"，最后单击"确定"按钮关闭对话框。此时在单元格 D17 中可显示大学英语的优秀率。

3）计算所有科目的优秀率

选择 D17 单元格，向右拖动填充柄至 H17，计算出所有科目的优秀率。

提示：

（1）COUNT 函数用来计算某个区域中包含数字的单元格个数，其参数 Value 指的是计算的区域。

（2）COUNTIF 函数用来计算某个区域中满足给定条件的单元格数目，它包含两个参数，参数 Range 指的是计算的区域，参数 Criteria 指的是给定的条件。

8. 使用 HLOOKUP 函数计算所有学生的大学英语成绩等级考核

（1）在 A22 开始的位置建立水平查询数据表，利用水平查表函数将大学英语成绩分为"不及格"、"及格"、"中等"和"良好" 4 个等级（60 分以下为不及格，60～69 分为及格，70～79 分为中等，80～100 分为良好）。

（2）在 A22 开始的位置输入图 4.36 所示的水平查询数据条件。23 行中的数据为查询的间距数组，24 行中的内容为其对应的等级。

图 4.36 建立水平查询数据条件

（3）在单元格 N3 中输入"英语考核"，选择单元格 N4，单击"公式"选项卡→"函数库"分组→"插入函数"按钮，打开图 4.20 所示的"插入函数"对话框，在"或选择类别"下拉列表中选择"查找与引用"选项，在"选择函数"列表框中选择 HLOOKUP 函数，单击"确定"按钮，打开图 4.37 所示的"函数参数"对话框。

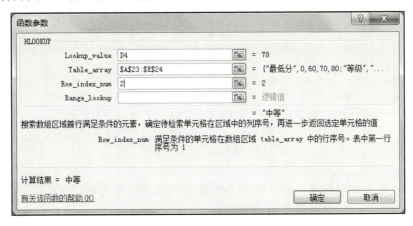

图 4.37 "函数参数"对话框（HLOOKUP 函数）

（4）在"函数参数"对话框的 Lookup_value 文本框中直接输入"D4"，在 Table_array 文本框中直接输入"$A$23:$E$24"（输入时需要使用绝对引用的单元格格式，以免公式在复制时引用单元格区域发生变化），在 Row_index_num 文本框中直接输入"2"，最后单击"确定"按钮关闭对话框。

（5）选择 N4 单元格，向下拖动填充柄至 N15，计算出所有学生的大学英语成绩等级考核。

提示：

HLOOKUP 函数是水平查找函数，它与 LOOKUP 函数和 VLOOKUP 函数属于一类函数，HLOOKUP 函数是按行查找的，VLOOKUP 函数是按列查找的。HLOOKUP 函数总共有 4 个参数。

（1）Lookup_value 为需要在数据表第一行中进行查找的数值。Lookup_value 可以为数值、引用或文本字符串。

（2）Table_array 为需要在其中查找数据的数据表。

（3）Row_index_num 为 Table_array 中待返回数据在区域的行序号。

（4）Range_lookup 为逻辑值，指明 HLOOKUP 函数查找时是精确匹配，还是近似匹配。如果 Range_lookup 为 TRUE、1 或省略，则返回近似匹配值。也就是说，如果找不到精确匹配值，则其返回小于 Lookup_value 的最大数值。如果 Range_lookup 为 FALSE 或 0，则 HLOOKUP 函数将查找精确匹配值，如果找不到，则返回错误值#N/A。

需要特别注意的是，如果 Range_lookup 为 TRUE、1 或省略，则 Table_array 的第一行中的数值必须按升序排列，否则，HLOOKUP 函数不能返回正确的数值。

9. 为单元格添加批注

（1）单击需要添加批注的单元格 L3。

（2）单击"审阅"选项卡→"批注"分组→"新建批注"按钮，在弹出的批注框中输入批注文本"平均分在 80 分以上的同学等级考核为优秀"。

（3）完成文本输入后，单击批注框外部的工作表区域。一般情况下，包含批注的单元格的右上角会出现一个批注标识符，只要将鼠标指针停留在包含批注的单元格上时即会显示批注。添加批注效果如图 4.38 所示。

图 4.38　添加批注效果

提示：

（1）如果以后要编辑批注，则只需单击需要编辑批注的单元格，然后单击"审阅"选项卡→"批注"分组→"编辑批注"按钮即可。

（2）当在工作表中对各数据项进行排序时，批注也随着数据项移动到排序后的新位置。

10. 结束操作

保存操作完成后的结果，预览效果如图 4.15 所示，然后使用 Windows 操作系统中关闭窗口的方法，结束 Excel 的运行，退出 Excel 应用程序。

实训 3　格式设置

实训目的

（1）掌握表格格式化的方法。

（2）学会设置数值、货币符号、百分比等数字的显示格式。

（3）了解用自动套用格式来美化表格的方法。

（4）掌握设置行高和列宽的方法。

（5）掌握数据选择性粘贴的方法。

实训要求

按照图 4.39 所示，对学生成绩表中的数据进行格式化。

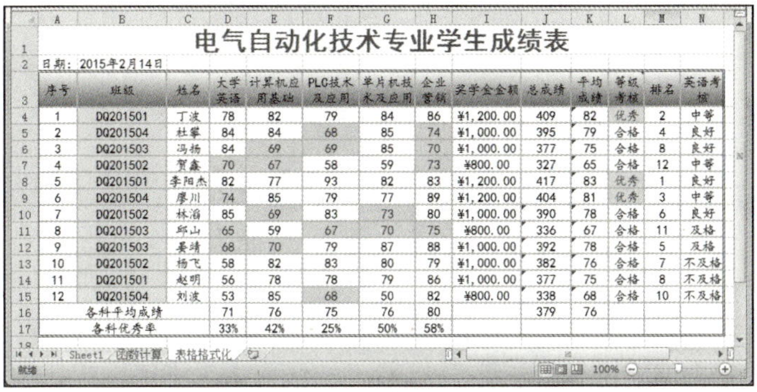

电气自动化技术专业学生成绩表

日期：2015年2月14日

序号	班级	姓名	大学英语	计算机应用基础	PLC技术及应用	单片机技术及应用	企业营销	奖学金金额	总成绩	平均成绩	等级考核	排名	英语考核
1	DQ201501	丁波	78	82	79	84	86	¥1,200.00	409	82	优秀	2	中等
2	DQ201504	杜攀	84	84	68	85	74	¥1,000.00	395	79	合格	4	良好
3	DQ201503	冯扬	84	69	69	85	70	¥1,000.00	377	75	合格	8	良好
4	DQ201502	贺鑫	70	67	58	59	73	¥800.00	327	65	合格	12	中等
5	DQ201501	李阳杰	82	77	93	82	83	¥1,200.00	417	83	优秀	1	良好
6	DQ201504	廖川	74	85	79	77	89	¥1,200.00	404	81	优秀	3	中等
7	DQ201502	林滔	85	69	83	73	80	¥1,000.00	390	78	合格	6	良好
8	DQ201503	邱山	65	59	67	70	75	¥800.00	336	67	合格	11	及格
9	DQ201503	晏靖	68	70	79	87	88	¥1,000.00	392	78	合格	5	及格
10	DQ201502	杨飞	58	82	83	80	79	¥1,000.00	382	76	合格	7	不及格
11	DQ201501	赵明	56	78	78	79	86	¥1,000.00	377	75	合格	8	不及格
12	DQ201504	刘波	53	85	68	50	82	¥800.00	338	68	合格	10	不及格
各科平均成绩			71	76	75	76	80		379	76			
各科优秀率			33%	42%	25%	50%	58%						

图 4.39　学生成绩表格式化效果

实训步骤

1. 工作表的基本操作

（1）打开实训 2 保存的 Excel 工作簿“学生成绩表.xlsx”，选择“函数计算”工作表。

（2）参考实训 2 中复制工作表的做法，将“函数计算”工作表中的内容复制到“函数计算（2）”工作表中，并将其重命名为“表格格式化”，如图 4.40 所示。

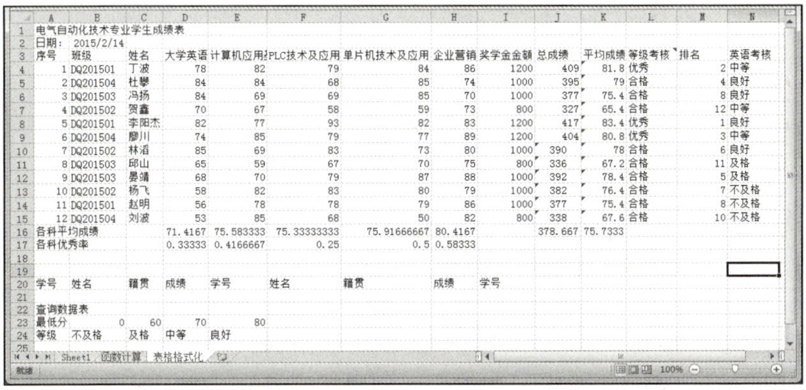

	A	B	C	D	E	F	G	H	I	J	K	L	M	N
1	电气自动化技术专业学生成绩表													
2	日期：	2015/2/14												
3	序号	班级	姓名	大学英语	计算机应用基	PLC技术及应用	单片机技术及应用	企业营销	奖学金金额	总成绩	平均成绩	等级考核	排名	英语考核
4	1	DQ201501	丁波	78	82	79	84	86	1200	409	81.8	优秀	2	中等
5	2	DQ201504	杜攀	84	84	68	85	74	1000	395	79	合格	4	良好
6	3	DQ201503	冯扬	84	69	69	85	70	1000	377	75.4	合格	8	良好
7	4	DQ201502	贺鑫	70	67	58	59	73	800	327	65.4	合格	12	中等
8	5	DQ201501	李阳杰	82	77	93	82	83	1200	417	83.4	优秀	1	良好
9	6	DQ201504	廖川	74	85	79	77	89	1200	404	80.8	优秀	3	中等
10	7	DQ201502	林滔	85	69	83	73	80	1000	390	78	合格	6	良好
11	8	DQ201503	邱山	65	59	67	70	75	800	336	67.2	合格	11	及格
12	9	DQ201503	晏靖	68	70	79	87	88	1000	392	78.4	合格	5	及格
13	10	DQ201502	杨飞	58	82	83	80	79	1000	382	76.4	合格	7	不及格
14	11	DQ201501	赵明	56	78	78	79	86	1000	377	75.4	合格	8	不及格
15	12	DQ201504	刘波	53	85	68	50	82	800	338	67.6	合格	10	不及格
16	各科平均成绩			71.4167	75.583333	75.33333333	75.91666667	80.4167		378.667	75.7333			
17	各科优秀率			0.33333	0.4166667	0.25	0.5	0.58333						
18														
19														
20	学号	姓名	籍贯	成绩	学号	姓名	籍贯	成绩	学号					
21														
22	查询数据表													
23	最低分	0	60	70	80									
24	等级	不及格	及格	中等	良好									

图 4.40　“表格格式化”工作表

2. 设置单元格数据的对齐方式

1）设置合并居中的对齐方式

(1) 选择 A1:N1 单元格区域。

(2) 选择"开始"选项卡→"单元格"分组→"格式"下拉按钮→"设置单元格格式"命令，打开图 4.41 所示的"设置单元格格式"对话框。

图 4.41 "设置单元格格式"对话框

(3) 选择"对齐"选项卡，设置"水平对齐"为"居中"，"垂直对齐"为"居中"，选中"文本控制"选项组中的"合并单元格"复选框，最后单击"确定"按钮关闭"设置单元格格式"对话框，可实现选定数据的合并居中显示。

(4) 用同样的方法，将 A16:C16 及 A17:C17 分别设为合并居中显示。

2）设置水平及垂直居中的对齐方式

(1) 选择 A3:N17 单元格区域。

(2) 仍然选择图 4.41 所示"设置单元格格式"对话框的"对齐"选项卡，设置"水平对齐"为"居中"，"垂直对齐"为"居中"，最后单击"确定"按钮关闭该对话框，可实现选定数据的水平及垂直居中显示。

3）设置文字自动换行的对齐方式

(1) 选择 A3:N3 单元格区域。

(2) 仍然选择图 4.41 所示"设置单元格格式"对话框的"对齐"选项卡，设置"水平对齐"为"居中"，"垂直对齐"为"居中"，再选中"文本控制"选项组中的"自动换行"复选框，最后单击"确定"按钮关闭该对话框，可实现单元格内的文字自动换行显示。

设置单元格数据的对齐方式效果如图 4.42 所示。

提示：

(1) 单击"开始"选项卡→"对齐方式"分组→功能扩展按钮，打开"设置单元格格式"对话框，选择"对齐"选项卡。

(2) 单击"开始"选项卡→"对齐方式"分组→"合并后居中"按钮，可以快速设置所选区域的合并居中格式。

图 4.42 设置单元格数据的对齐方式效果

3. 设置单元格数据的字体样式

（1）选择 A1 单元格。

（2）在"开始"选项卡→"字体"分组中，设置"字体"为"黑体"，"字号"为"24"，字体颜色为"蓝色"。单击"加粗"按钮 **B**，使标题文本加粗显示。也可以单击"开始"选项卡→"字体"分组→功能扩展按钮，或者选择"开始"选项卡→"单元格"分组→"格式"下拉按钮→"设置单元格格式"命令，在打开的"设置单元格格式"对话框中选择图 4.43 所示的"字体"选项卡，对字体样式进行设置。

图 4.43 设置单元格数据的字体样式

（3）用同样的方法，将 A2:N17 单元格区域中的内容设为楷体、12 号。

设置单元格数据的字体样式效果如图 4.44 所示。

4. 设置单元格数据的数字样式

1）更改日期的显示样式

（1）选择 B2 单元格。

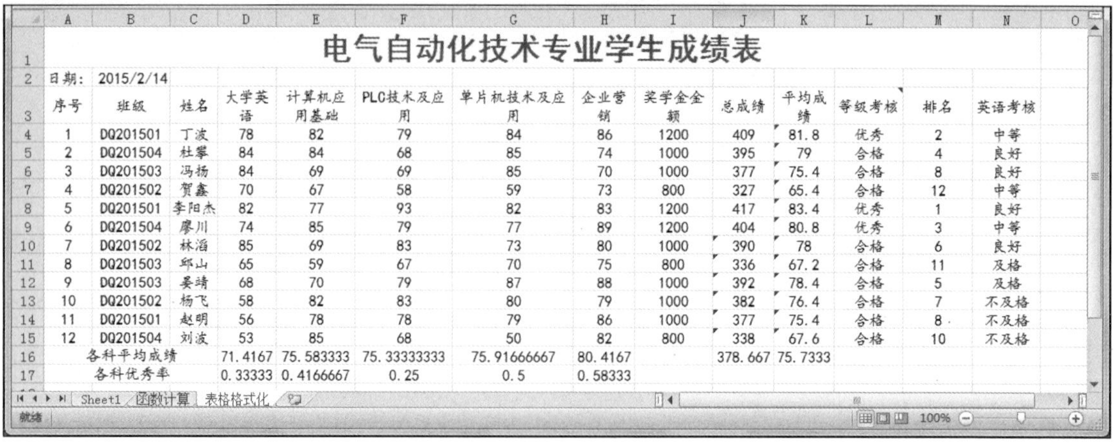

[电气自动化技术专业学生成绩表数据]

图 4.44　设置单元格数据的字体样式效果

（2）选择"开始"选项卡→"数字"分组→"日期"下拉按钮→"长日期"命令，B2 中的日期将显示为"2015 年 2 月 14 日"的样式。也可以单击"开始"选项卡→"字体"分组→功能扩展按钮，或者选择"开始"选项卡→"单元格"分组→"格式"下拉按钮→"设置单元格格式"命令，在打开的"设置单元格格式"对话框中选择图 4.45 所示的"数字"选项卡，更改日期的显示样式。

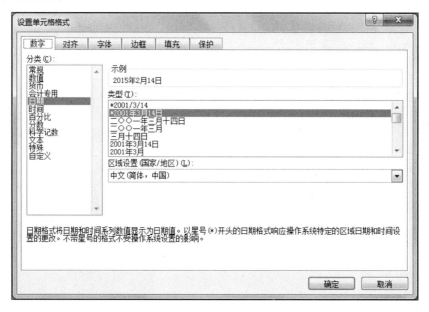

图 4.45　更改日期的显示样式

2）设置平均成绩、各科平均成绩为整数样式显示

（1）选择 K4:K15 单元格区域。

（2）选择"设置单元格格式"对话框的"数字"选项卡，在"分类"列表框中选择"数值"选项，在右侧的选项中将"小数位数"设为"0"，修改数值小数的位数，如图 4.46 所示。也可以单击"开始"选项卡→"数字"分组→"减少小数位数"按钮，进行快速设置。

图 4.46 设置单元格数据整数样式显示

(3) 用同样的方法,将 D16:K16 单元格区域也设置为整数样式显示。

3) 设置各科优秀率为百分比样式显示

(1) 选择 D17:H17 单元格区域。

(2) 选择"设置单元格格式"对话框的"数字"选项卡,在"分类"列表框中选择"百分比"选项,在右侧的选项中将"小数位数"设为"0",如图 4.47 所示。也可以单击"开始"选项卡→"数字"分组→"百分比样式"按钮 % ,进行快速设置。

图 4.47 设置单元格数据百分比样式显示

4) 设置奖学金金额为货币样式显示

(1) 选择 I4:I15 单元格区域。

(2) 选择"设置单元格格式"对话框的"数字"选项卡,在"分类"列表框中选择"货币"选项,按图 4.48 所示进行设置。也可以单击"开始"选项卡→"数字"分组→"货币样式"按钮，进行快速设置。

图 4.48　设置单元格数据货币样式显示

设置单元格数据的数字样式效果如图 4.49 所示。

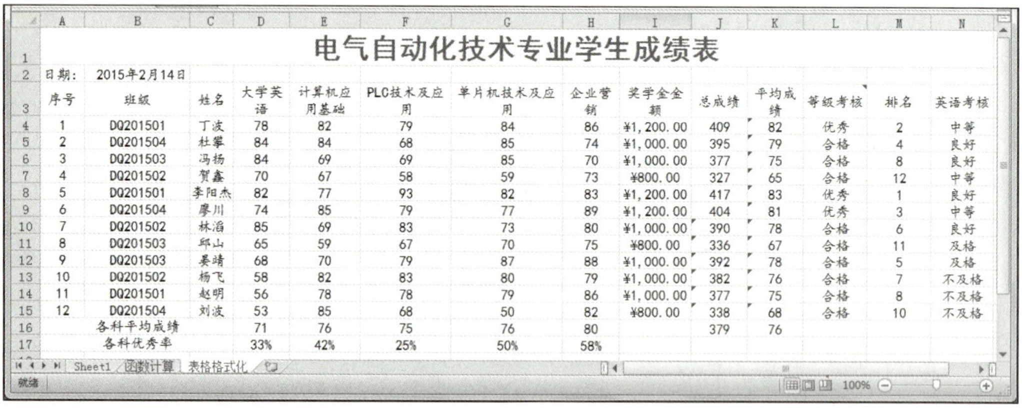

图 4.49　设置单元格数据的数字样式效果

5. 设置单元格的边框样式

（1）选择 A3:N17 单元格区域。

（2）单击"开始"选项卡→"字体"分组→"下框线"下拉按钮，在打开的下拉列表中选择所需的边框样式，可快速设置边框样式。

（3）对于复杂的边框样式，选择"开始"选项卡→"字体"分组→"下框线"下拉按钮→"其他边框"命令，打开"设置单元格格式"对话框，如图 4.50 所示，选择"边框"选项卡，对边框样式进行设置。

提示：

也可以采用以下方法打开"设置单元格格式"对话框的"边框"选项卡。

（1）单击"开始"选项卡→"对齐方式"分组→功能扩展按钮，打开"设置单元格格式"对话框，选择"边框"选项卡。

项目4 电子表格处理软件Excel

图 4.50 设置单元格的边框样式

（2）选择"开始"选项卡→"单元格"分组→"格式"下拉按钮→"设置单元格格式"命令，打开"设置单元格格式"对话框，选择"边框"选项卡。

（4）在"边框"选项卡中，在"线条"选项组的"样式"列表框中选择"双线"选项，在"颜色"下拉列表中选择"紫色"选项，再单击"预置"选项组中的"外边框"按钮，就给表格加上了紫色双线外边框。

（5）仍在"边框"选项卡中，在"线条"选项组的"样式"列表框中选择"细实线"选项，在"颜色"下拉列表中选择"橙色"选项，再单击"预置"选项组中的"内部"按钮，就给表格内部加上了橙色细线。

设置单元格的边框样式效果如图 4.51 所示。

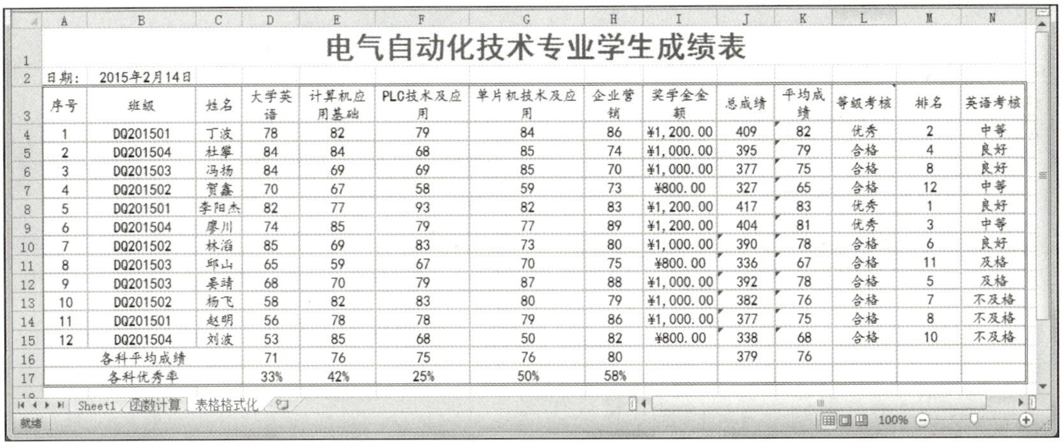

图 4.51 设置单元格的边框样式效果

6. 设置单元格的填充样式

（1）选择 B4:B15 单元格区域。

（2）单击"开始"选项卡→"字体"分组→"填充颜色"下拉按钮，在打开的下拉列表中选择"黄色"填充颜色，可快速设置单元格的纯色填充样式。

（3）选择 A3:N3 单元格区域。

（4）对于复杂的填充样式，需要单击"开始"选项卡→"字体"分组→功能扩展按钮，打开"设置单元格格式"对话框，如图4.52所示，选择"填充"选项卡，对填充样式进行设置。

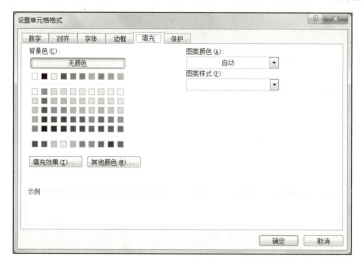

图4.52 设置单元格的填充样式

图4.53 "填充效果"对话框

（5）在"填充"选项卡中，单击"填充效果"按钮，打开图4.53所示的"填充效果"对话框。在"颜色"选项组中选中"双色"单选按钮，并将"颜色1"设置为"白色"，"颜色2"设置为"蓝色，强调文字颜色1"；在"底纹样式"选项组中选中"水平"单选按钮；在"变形"选项组中选择"左上角"样式，单击"确定"按钮关闭该对话框，可将选中区域设置为渐变背景色的填充样式。

设置单元格的填充样式效果如图4.54所示。

提示：

（1）也可以采用以下方法打开"设置单元格格式"对话框，对所选数据进行格式化。

① 选择"开始"选项卡→"单元格"分组→"格式"下拉按钮→"设置单元格格式"命令。

② 在所选区域上右击，在弹出的快捷菜单中选择"设置单元格格式"命令。

（2）使用自动套用格式对数据进行格式化。

① Excel提供了专业报表格式来帮助用户快速美化表格。选择数据后单击"开始"选项卡→"样式"分组→"套用表格格式"下拉按钮，可选择任意格式来美化表格，如图4.55所示。

② "自动套用格式"可自动识别Excel工作表中的汇总层次及明细数据的具体情况，然后统一对它们的格式进行修改。Excel 2010通过"自动套用格式"功能向用户提供了"浅色""中等深浅""深色"三大类、共计60余种不同的内置格式集合，每种格式集合都包括不同的字体、字号、数字、图案、边框、对齐方式、行高、列宽等设置项目，完全可满足用户在各种不同条

件下设置工作表格式的要求。

③ 在完成自动套用格式操作后，屏幕上会出现套用的实际效果。如果对其不满意，则单击快速访问工具栏中的按钮，重新选择其他格式。

电气自动化技术专业学生成绩表

日期：　2015年2月14日

序号	班级	姓名	大学英语	计算机应用基础	PLC技术及应用	单片机技术及应用	企业营销	奖学金金额	总成绩	平均成绩	等级考核	排名	英语考核
1	DQ201501	丁波	78	82	79	84	86	¥1,200.00	409	82	优秀	2	中等
2	DQ201504	杜攀	84	84	68	85	74	¥1,000.00	395	79	合格	4	良好
3	DQ201503	冯扬	84	69	69	85	70	¥1,000.00	377	75	合格	8	良好
4	DQ201502	贺鑫	70	67	58	59	73	¥800.00	327	65	合格	12	中等
5	DQ201501	李阳杰	82	77	93	82	83	¥1,200.00	417	83	优秀	1	良好
6	DQ201504	廖川	74	85	79	77	89	¥1,200.00	404	81	优秀	3	中等
7	DQ201502	林滔	85	69	83	73	80	¥1,000.00	390	78	合格	6	良好
8	DQ201503	邱山	65	59	67	70	75	¥800.00	336	67	合格	11	及格
9	DQ201503	晏靖	68	70	79	87	88	¥1,000.00	392	78	合格	5	及格
10	DQ201502	杨飞	58	82	83	80	79	¥1,000.00	382	76	合格	7	不及格
11	DQ201501	赵明	56	78	78	79	86	¥1,000.00	377	75	合格	8	不及格
12	DQ201504	刘波	53	85	68	50	82	¥800.00	338	68	合格	10	不及格
各科平均成绩			71	76	75	76	80		379	76			
各科优秀率			33%	42%	25%	50%	58%						

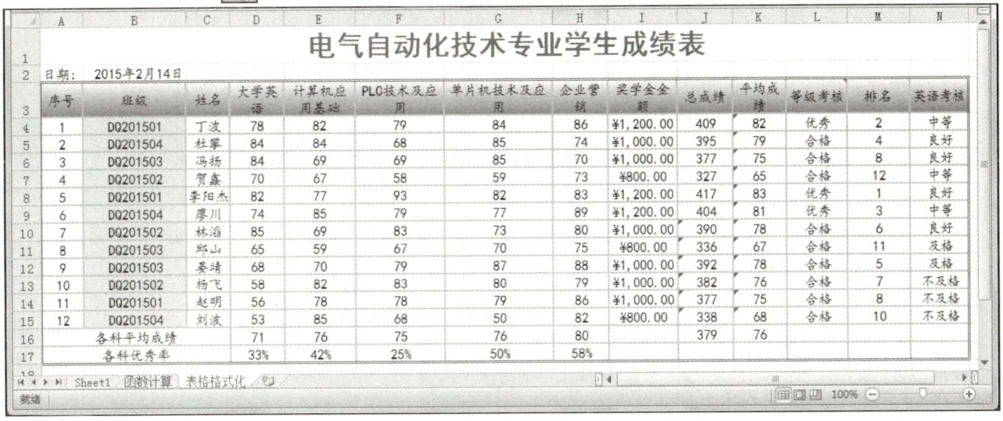

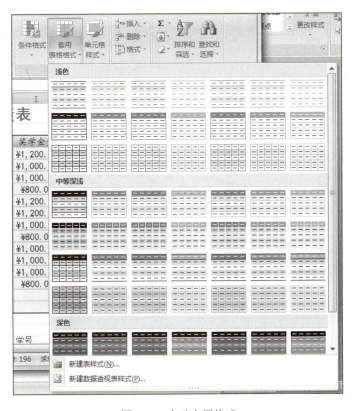

图 4.54　设置单元格的填充样式效果

图 4.55　自动套用格式

7. 利用条件格式设置表格样式

将各科成绩大于等于 60 分且小于等于 75 分的单元格样式设置为“浅红填充色深红色文本”；将等级考核为“优秀”的单元格样式设置为“绿填充色深绿色文本”。

（1）选择 D4:H15 单元格区域，选择“开始”选项卡→“样式”分组→“条件格式”下拉按钮→“突出显示单元格规则”→“介于”命令，在打开的图 4.56 所示的“介于”对话框中进行设置，设置完成后单击"确定"按钮关闭该对话框，则选中区域的介于 60 分到 75 分之间的单元格样式显示为"浅红填充色深红色文本"。

图 4.56 "介于"对话框

（2）用同样的方法，选择 L4:L15 单元格区域，选择"开始"选项卡→"样式"分组→"条件格式"下拉按钮→"突出显示单元格规则"→"文本包含"命令，在打开的图 4.57 所示的"文本中包含"对话框中进行设置，设置完成后单击"确定"按钮关闭该对话框，则等级考核为"优秀"的单元格样式显示为"绿填充色深绿色文本"。

利用条件格式设置表格样式效果如图 4.58 所示。

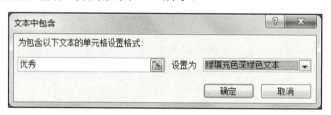

图 4.57 "文本中包含"对话框

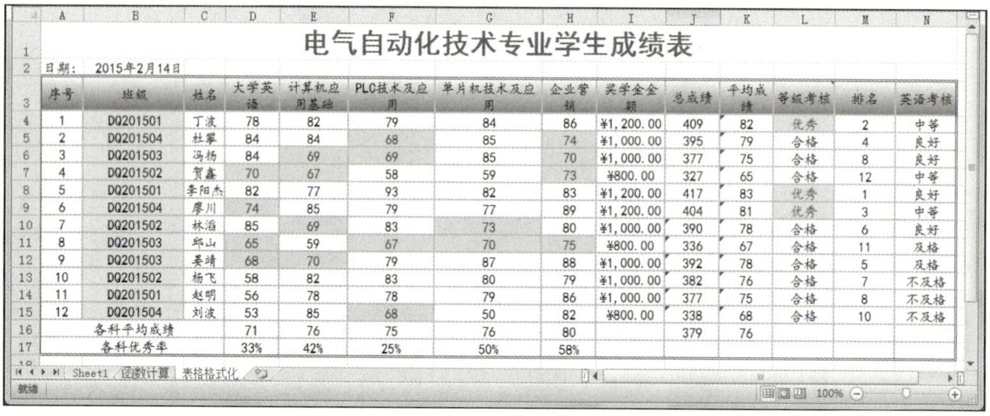

![图 4.58]

图 4.58 利用条件格式设置表格样式效果

图 4.59 "新建格式规则"对话框

提示：

（1）"条件格式"命令中还有"数据条""色阶""图标集"等选项，可以设置特殊的显示样式。

（2）"条件格式"下拉按钮→"新建规则"命令还可以自定义规则及其显示格式。图 4.59 所示为"新建格式规则"对话框。

8. 设置表格的列宽及行高

（1）选中 A 列，选择"开始"选项卡→"单元格"分组→"格式"下拉按钮→"列宽"命令，打开"列宽”对话框，在“列宽”文本框中输入“5.5”，如图 4.60 所示，最后单击“确定”按钮。

(2) 用同样的方法，设置 B～N 列的列宽分别为“13”“6”“5”“8”“8”“8”“5”“10”“7”“5”“5”“5”“6”。若相邻列的列宽是一样的，则同时选中相邻的多列后，再在“列宽”对话框中进行设置。

(3) 用同样的方法，设置 1 行、3 行的行高分别为“27”“33”。效果如图 4.39 所示。

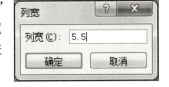

图 4.60　设置列宽

9. 数据的选择性粘贴

如图 4.61 所示，将 A3:N12 中的数据复制到 P3 开始的单元格中，并要求复制得到的数据是将表格的行与列互换后的数据。

序号	1	2	3	4	5	6	7	8	9
班级	DQ201501	DQ201504	DQ201503	DQ201502	DQ201501	DQ201504	DQ201502	DQ201503	DQ201503
姓名	丁波	杜攀	冯扬	贺鑫	李阳杰	廖川	林滔	邱山	晏靖
大学英语	78	84	84	70	82	74	85	65	68
计算机应用基础	82	84	69	67	77	85	69	59	70
PLC技术及应用	79	68	69	58	93	79	83	67	79
单片机技术及应用	84	85	85	59	82	77	73	70	87
企业营销	86	74	70	73	83	89	80	75	88
奖学金金额	¥1,200.00	¥1,000.00	¥1,000.00	¥800.00	¥1,200.00	¥1,200.00	¥1,000.00	¥800.00	¥1,000.00
总成绩	409	395	377	327	417	404	390	336	392
平均成绩	82	79	75	65	83	81	78	67	78
等级考核	优秀	合格	合格	合格	优秀	优秀	合格	合格	合格
排名	2	4	7	9	1	3	6	8	5
英语考核	中等	良好	良好	中等	良好	中等	良好	及格	及格

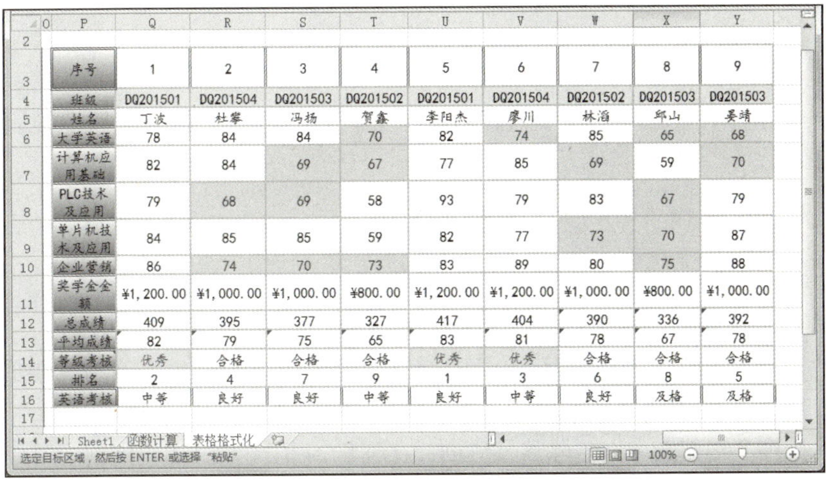

图 4.61　数据行与列互换复制效果

(1) 选择 A3:N12 单元格区域，右击，在弹出的快捷菜单中选择“复制”命令，或者单击“开始”选项卡→“剪贴板”分组→“复制”按钮，此时选中区域将出现滚动的虚线边框，将其称为活动选定框，表示系统已将内容复制到系统的剪贴板上。

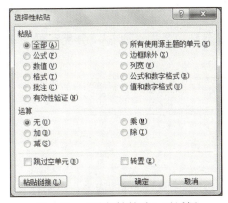

(2) 单击单元格 P3，选择“开始”选项卡→“剪贴板”分组→“粘贴”下拉按钮→“转置”命令，可实现对数据的行与列互换复制。

图 4.62　“选择性粘贴”对话框

提示：

利用“开始”选项卡→“剪贴板”分组→“粘贴”按钮或“开始”选项卡→“剪贴板”分组→“粘贴”下拉按钮→“选择性粘贴”命令，均可完成粘贴工作。粘贴是指粘贴所选区域中的所有内容、格式和批注。“选择性粘贴”对话框如图 4.62 所示，选择性粘贴是指对所选区域针对有选择性的某一项进行粘贴。

10. 结束操作

保存操作完成后的结果，预览效果如图 4.39 所示，然后使用 Windows 操作系统中关闭窗口的方法，结束 Excel 的运行，退出 Excel 应用程序。

实训 4　数据管理

实训目的

（1）掌握工作表数据的排序方法。
（2）掌握工作表数据的筛选方法。
（3）掌握工作表数据的分类汇总方法。
（4）掌握将工作表数据以图表显示的方法。
（5）掌握数据透视表和数据透视图的创建方法。

实训要求

按照相关要求，对学生成绩表中的数据进行排序、筛选、分类汇总、图表化及创建数据透视表和数据透视图。

实训步骤

1. 工作表的基本操作

（1）打开实训 3 保存的"学生成绩表.xlsx"。
（2）把"表格格式化"工作表复制 1 次，则在"表格格式化"工作表后又增加了"表格格式化（2）"工作表，将其重命名为"排序"。
（3）在"排序"工作表中，删除 N～Y 列。在列号 N 上按住鼠标左键的同时向右拖动至列号 Y，此时选中 N～Y 列区域，单击"开始"选项卡→"单元格"分组→"删除"按钮，则被选中的列消失。
（4）用同样的方法删除 20～24 行。
（5）把"排序"工作表复制 3 次，在"排序"工作表后又增加了"排序（2）""排序（3）""排序（4）" 3 张工作表。
（6）将"排序（2）""排序（3）""排序（4）" 工作表分别命名为"筛选""分类汇总""图表"，如图 4.63 所示。

图 4.63　工作表标签效果

2. 工作表数据的排序

排序就是按照指定的要求来重新排列工作表中的行。排序并不改变行的内容，当两行有完全相同的数据时，会继续按照次要关键字进行再次排序。

（1）选中"排序"工作表，对数据进行排序。
（2）选择 A3:M15 单元格区域。
（3）选择"开始"选项卡→"编辑"分组→"排序和筛选"下拉按钮→"自定义排序"命令，或者单击"数据"选项卡→"排序和筛选"分组→"排序"按钮，打开图 4.64 所示的"排序”对话框。

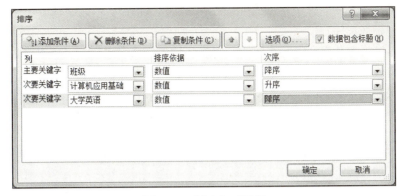

图 4.64　“排序”对话框

（4）在“主要关键字”下拉列表中选择“班级”选项，并设置为“降序”排列；单击“添加条件”按钮，增加“次要关键字”选项，在“次要关键字”下拉列表中选择“计算机应用基础”选项，并设置为“升序”排列；继续单击“添加条件”按钮，在“次要关键字”下拉列表中选择“大学英语”选项，并设置为“降序”排列；选中对话框右上角的“数据包含标题”复选框，最后单击“确定”按钮。

学生成绩表排序效果如图 4.65 所示。

电气自动化技术专业学生成绩表

日期：2015年2月14日

序号	班级	姓名	大学英语	计算机应用基础	PLC技术及应用	单片机技术及应用	企业营销	奖学金金额	总成绩	平均成绩	等级考核	排名
2	DQ201504	杜攀	84	84	68	85	74	¥1,000.00	395	79	合格	4
6	DQ201504	廖川	74	85	79	77	89	¥1,200.00	404	81	优秀	3
12	DQ201504	刘波	53	85	68	50	82	¥800.00	338	68	合格	10
8	DQ201503	邱山	65	59	67	70	75	¥800.00	336	67	合格	11
3	DQ201503	冯扬	84	69	69	85	70	¥1,000.00	377	75	合格	8
9	DQ201503	姜靖	68	70	79	87	88	¥1,000.00	392	78	合格	5
4	DQ201502	贺鑫	70	67	58	59	73	¥800.00	327	65	合格	12
7	DQ201502	林滔	85	69	83	73	80	¥1,000.00	390	78	合格	6
10	DQ201502	杨飞	58	82	83	80	79	¥1,000.00	382	76	合格	7
5	DQ201501	李阳杰	82	77	93	82	83	¥1,200.00	417	83	优秀	1
11	DQ201501	赵明	56	78	78	79	86	¥1,000.00	377	75	合格	8
1	DQ201501	丁波	78	82	79	84	86	¥1,200.00	409	82	优秀	2
各科平均成绩			71	76	75	76	80		379	76		
各科优秀率			33%	42%	25%	50%	58%					

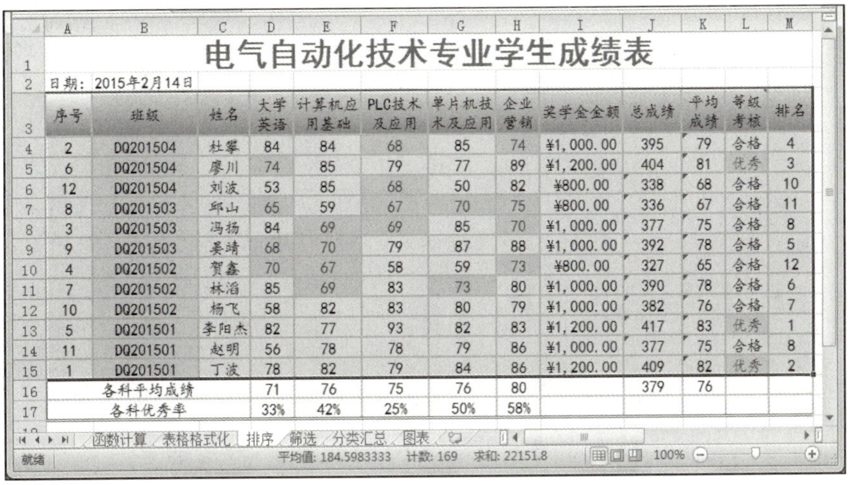

图 4.65　学生成绩表排序效果

提示：

最简单的排序可以用以下两种方式实现。

（1）直接单击“数据”选项卡→“排序和筛选”分组→“升序”按钮或“降序”按钮。

（2）选择“开始”选项卡→“编辑”分组→“排序和筛选”下拉按钮→“升序”命令或“降序”命令。

3. 工作表数据的筛选

1）对数据进行自动筛选

在实际应用中，用户经常需要按照某一两个条件，从数据列表中选取一部分数据显示。Excel 提供了丰富的数据分析方法，可以快捷、正确、有效地完成对数据的管理。

（1）选中“筛选”工作表，选择 A3:M15 单元格区域。

（2）选择"开始"选项卡→"编辑"分组→"排序和筛选"下拉按钮→"筛选"命令，或者单击"数据"选项卡→"排序和筛选"分组→"筛选"按钮，所选区域的第一行数据表格的列标题旁将出现筛选按钮 ▼。

（3）单击"等级考核"旁的筛选按钮，在展开的下拉列表中只选择"优秀"选项，则工作表中的原数据列表显示区域将显示等级考核为优秀的所有学生，如图 4.66 所示，其他学生的数据此时被隐藏起来了。

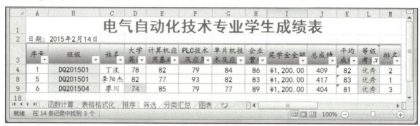

图 4.66 等级考核为优秀的学生

2）对数据进行自定义自动筛选

有时在对数据进行筛选时，同一个项目下的筛选条件有多个，仅用已有的筛选选项根本不能满足要求，这时可以使用自定义筛选条件对数据进行筛选。例如，筛选条件为筛选出大学英语成绩大于等于 65 分且小于 80 分的学生。

（1）先取消之前关于"等级考核"的筛选，方法是单击"等级考核"右下角的 ▼ 按钮，在展开的下拉列表中选择"从'等级考核'中清除筛选"选项，可取消之前的筛选结果。

图 4.67 "自定义自动筛选方式"对话框

（2）单击"大学英语"旁的筛选按钮，在展开的下拉列表中选择"数字筛选"→"介于"选项，打开图 4.67 所示的"自定义自动筛选方式"对话框，设置两个条件组合为"与"的关系，在第一行左边下拉列表中选择"大于或等于"选项，在其右边文本框中输入"65"，在第二行左边下拉列表中选择"小于"选项，在其右边文本框中输入"80"，然后单击"确定"按钮关闭该对话框。

此时工作表中显示的是大学英语成绩大于等于 65 分且小于 80 分的学生。

自定义自动筛选结果如图 4.68 所示。

图 4.68 自定义自动筛选结果

提示：

（1）在图 4.67 所示的"自定义自动筛选方式"对话框中，可以为一个字段设置两个筛选条件，然后按照两个条件的组合对数据进行筛选。两个条件的组合有“与”或“或”两种，前者表示筛选出同时满足两个条件的数据，后者表示筛选出满足任意一个及以上条件的数据。

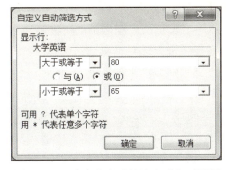

图 4.69　“自定义自动筛选方式”对话框

（2）下面举例说明。仍然单击“大学英语”旁的筛选按钮，在展开的下拉列表中选择“数字筛选”→“介于”选项，打开图 4.69 所示的“自定义自动筛选方式”对话框，设置两个条件组合为“或”的关系，在第一行左边下拉列表中选择“大于或等于”选项，在其右边文本框中输入“80”，在第二行左边下拉列表中选择“小于或等于”选项，在其右边文本框中输入“65”，然后单击“确定”按钮关闭该对话框。此时工作表中显示的是大学英语成绩大于等于 80 分或者小于等于 65 分的学生。筛选结果如图 4.70 所示。

	A	B	C	D	E	F	G	H	I	J	K	L	M
1	电气自动化技术专业学生成绩表												
2	日期：2015年2月14日												
3	序号	班级	姓名	大学英语	计算机应用基础	PLC技术及应用	单片机技术及应用	企业营销	奖学金金额	总成绩	平均成绩	等级考核	排名
5	2	DQ201504	杜攀	84	84	68	85	74	¥1,000.00	395	79	合格	4
6	3	DQ201503	冯扬	84	69	69	85	70	¥1,000.00	377	75	合格	8
8	5	DQ201501	李阳杰	82	77	93	82	83	¥1,200.00	417	83	优秀	1
10	7	DQ201502	林滔	85	69	83	73	80	¥1,000.00	390	78	合格	6
11	8	DQ201503	邱山	65	59	67	70	75	¥800.00	336	67	合格	11
13	10	DQ201502	杨飞	58	82	83	80	79	¥1,000.00	382	76	合格	7
14	11	DQ201501	赵明	56	78	78	79	86	¥1,000.00	377	75	合格	8
15	12	DQ201504	刘波	53	85	68	50	82	¥800.00	338	68	合格	10
18													

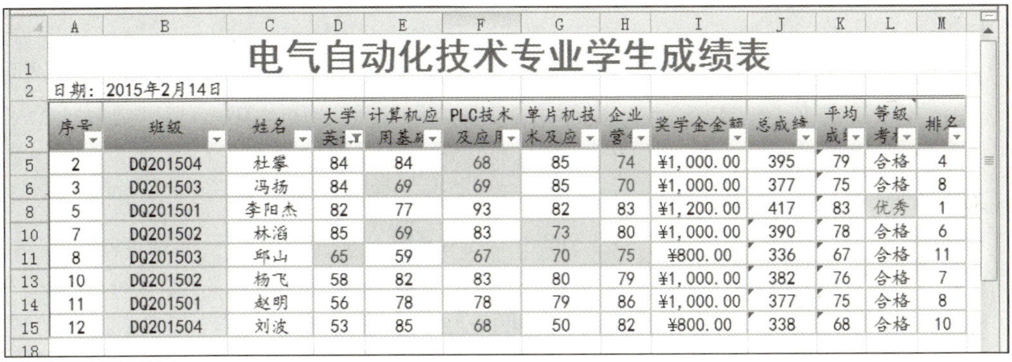

图 4.70　筛选结果

（3）如果要退出自动筛选状态，再次选择“开始”选项卡→“编辑”分组→“排序和筛选”下拉按钮→“筛选”命令，或者单击“数据”选项卡→“排序和筛选”分组→“筛选”按钮，则可取消自动筛选，并且字段名旁的筛选按钮也消失了。

3）对数据进行高级筛选

在实际应用中，用户往往会遇到更复杂的筛选条件，这时就需要使用高级筛选功能。如图 4.71 所示，需要筛选出等级考核为优秀、大学英语成绩大于等于 75 分、计算机应用基础成绩小于等于 80 分的学生，结果复制从 A23 开始。

（1）如图 4.71 所示，按要求输入筛选条件：在 B19:D19 单位格区域中输入“等级考核”“大学英语”“计算机应用基础”，在 B20:D20 单元格区域中输入“优秀”“>=75”“<=80”（注意在英文输入法状态下完成公式的输入）。

（2）选择 A3:M15 单元格区域，单击“数据”选项卡→“排序和筛选”分组→“高级”按钮，打开图 4.72 所示的“高级筛选”对话框。

（3）在“高级筛选”对话框中，设置“方式”为“将筛选结果复制到其他位置”；在“列表区域”文本框中直接输入“A3:M15”，或者单击右边的按钮，激活“高级筛选-列表区域”对话框，利用鼠标直接在工作表中选取 A3:M15 单元格区域，再次单击其右边的按钮，则又回到图 4.72 所示的对话框；在“条件区域”文本框中直接输入“B19:D20”，或者在激活“高级

筛选-条件区域"对话框后用鼠标直接选择 B19:D20 单元格区域；在"复制到"文本框中直接输入"A23"，或者在激活"高级筛选-复制到"对话框后用鼠标直接选择"A23"，最后单击"确定"按钮关闭该对话框。

高级筛选结果如图 4.71 所示。

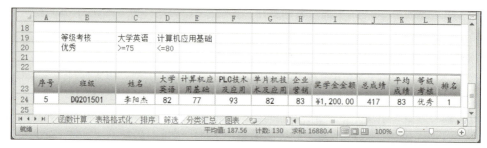

图 4.71　高级筛选结果

4. 工作表数据的分类汇总

分类汇总可以对数据列表中的数据进行求和、计数、求平均值、求标准差等统计运算。通过分类汇总，可以得到一些数据的统计信息。

要求按照班级对"大学英语""计算机应用基础""PLC 技术及应用""单片机技术及应用""企业营销""奖学金金额""总成绩""平均成绩"进行汇总。

1）数据排序

在"分类汇总"工作表中，选择 A3:M15 单元格区域，选择"开始"选项卡→"编辑"分组→"排序和筛选"下拉按钮→"自定义排序"命令，或者单击"数据"选项卡→"排序和筛选"分组→"排序"按钮，打开"排序"对话框。在"主要关键字"下拉列表中选择"班级"选项，并设置为"升序"排列，单击"确定"按钮关闭该对话框，完成按班级排序。

2）分类汇总

（1）仍然选择 A3:M15 单元格区域，单击"数据"选项卡→"分级显示"分组→"分类汇总"按钮，打开图 4.73 所示的"分类汇总"对话框。

图 4.72　"高级筛选"对话框

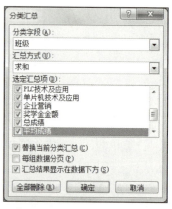

图 4.73　"分类汇总"对话框

（2）在"分类汇总"对话框中，设置"分类字段"为"班级"，设置"汇总方式"为"求和"，然后在"选定汇总项"列表框中选中"大学英语""计算机应用基础""PLC 技术及应用""单片机技术及应用""企业营销""奖学金金额""总成绩""平均成绩"复选框，单击"确定"按钮关闭该对话框。

学生成绩表分类汇总效果如图 4.74 所示。

电气自动化技术专业学生成绩表												
日期：2015年2月14日												
序号	班级	姓名	大学英语	计算机应用基础	PLC技术及应用	单片机技术及应用	企业营销	奖学金金额	总成绩	平均成绩	等级考核	排名
1	DQ201501	丁波	78	82	79	84	86	¥1,200.00	409	82	优秀	5
5	DQ201501	李阳杰	82	77	93	82	83	¥1,200.00	417	83	优秀	4
11	DQ201501	赵明	56	78	78	79	86	¥1,000.00	377	75	合格	11
	DQ201501 汇总		216	237	250	245	255	¥3,400.00	1203	241		
4	DQ201502	贺鑫	70	67	58	59	73	¥800.00	327	65	合格	15
7	DQ201502	林滔	85	69	83	73	80	¥1,000.00	390	78	合格	9
10	DQ201502	杨飞	58	82	83	80	79	¥1,000.00	382	76	合格	10
	DQ201502 汇总		213	218	224	212	232	¥2,800.00	1099	220		
3	DQ201503	冯扬	84	69	69	85	70	¥1,000.00	377	75	合格	11
8	DQ201503	邱山	65	59	67	70	75	¥800.00	336	67	合格	14
9	DQ201503	晏靖	68	70	79	87	88	¥1,000.00	392	78	合格	8
	DQ201503 汇总		217	198	215	242	233	¥2,800.00	1105	221		
2	DQ201504	杜攀	84	84	68	85	74	¥1,000.00	395	79	合格	7
6	DQ201504	廖川	74	85	79	77	89	¥1,200.00	404	81	优秀	6
12	DQ201504	刘波	53	85	68	50	82	¥800.00	338	68	合格	13
	DQ201504 汇总		211	254	215	212	245	¥3,000.00	1137	227		
	总计		857	907	904	911	965	¥12,000.00	4544	909		
各科平均成绩			100	104	106	107	112		530	106		
各科优秀率			47%	53%	40%	60%	67%					

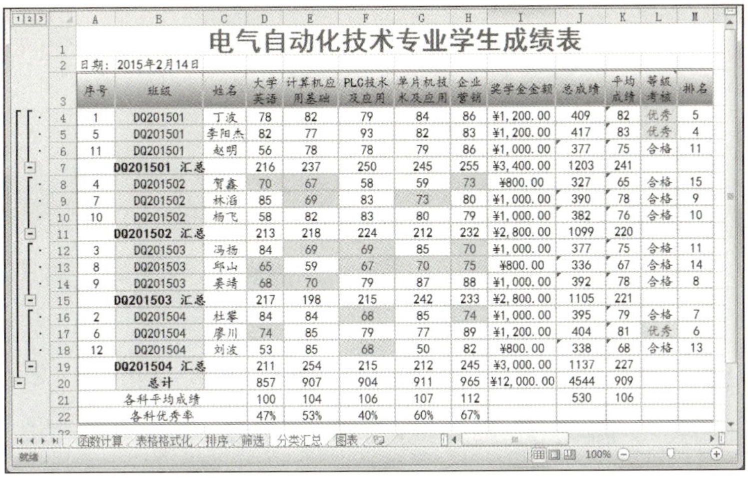

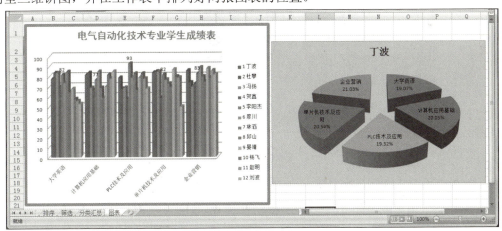

图 4.74　学生成绩表分类汇总效果

提示：

（1）通过单击“分级显示符号”按钮 1 2 3，可以折叠分级显示数据。单击分级显示区域的加号、减号可以显示或隐藏明细数据。加号是显示明细数据按钮，减号是隐藏明细数据按钮。

（2）在分类汇总前，通常需要对数据进行排序，以便于按照类别对数据进行汇总。如果不对数据进行排序，则 Excel 不会自动将相同的类别归在一起后汇总，所以分类汇总应该是两个步骤，即先分类后汇总。

（3）在“分类汇总”对话框中单击“全部删除”按钮可以取消分类汇总。

5. 工作表数据的图表化

按照图 4.75 所示，制作一张包含所有学生成绩的三维簇状柱形图及一张“丁波”成绩的分离型三维饼图，并在工作表中排列好两张图表的位置。

图 4.75　学生成绩表图表显示效果

1）删除多余的行和列

（1）选中“图表”工作表，单击选中第 2 行的行号“2”，则选中该行，单击“开始”选项卡→“单元格”分组→“删除”按钮，则被选中的行消失。

（2）用同样的方法，删除“各科平均成绩”行、“各科优秀率”行、“班级”列、“奖学金金额”列……“排名”列。

学生成绩表修改效果如图 4.76 所示。

电气自动化技术专业学生成绩表						
序号	姓名	大学英语	计算机应用基础	PLC技术及应用	单片机技术及应用	企业营销
1	丁波	78	82	79	84	86
2	杜攀	84	84	68	85	74
3	冯扬	84	69	69	85	70
4	贺鑫	70	67	58	59	73
5	李阳杰	82	77	93	82	83
6	廖川	74	85	79	77	89
7	林滔	85	69	83	73	80
8	邱山	65	59	67	70	75
9	晏靖	68	70	79	87	88
10	杨飞	58	82	83	80	79
11	赵明	56	78	78	79	86
12	刘波	53	85	68	50	82

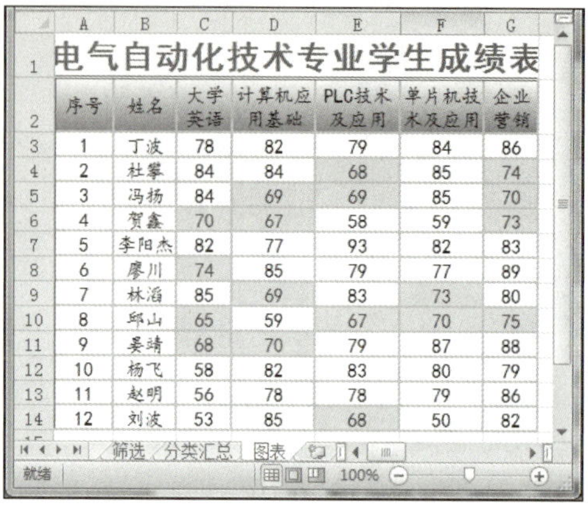

图 4.76　学生成绩表修改效果

2）制作包含所有学生成绩的三维簇状柱形图

（1）选择 A2:G14 单元格区域，选择“插入”选项卡→“图表”分组→“柱形图”下拉按钮→“三维簇状柱形图”命令，则“图表”工作表中将出现一张图 4.77 所示的学生成绩三维簇状柱形图。

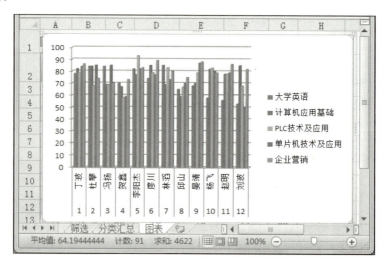

图 4.77　学生成绩三维簇状柱形图初步效果

（2）选中显示的三维簇状柱形图，单击“图表工具：设计”选项卡→“数据”分组→“切换行/列”按钮，将图中的坐标轴数据进行交换。仍然选中三维簇状柱形图，单击“图表工具：设计”选项卡→“图表布局”分组→“布局 1”按钮，即可更改图表的布局。学生成绩三维簇状柱形图修改效果如图 4.78 所示。

（3）在图表区中右击“图表标题”，在弹出的快捷菜单中选择“字体”命令，打开图 4.79 所示的“字体”对话框。将“图表标题”文字设置为“黑体”“加粗”，字号为“18”，颜色为“绿色”；双击“图表标题”，将标题更改为“电气自动化技术专业学生成绩表”。

（4）在图表区中选择“李阳杰”所对应的任意数据系列并右击，在弹出的快捷菜单中选择“添加数据标签"命令,此时图表中"李阳杰"的各门成绩所对应的数据系列都加上了数值说明。

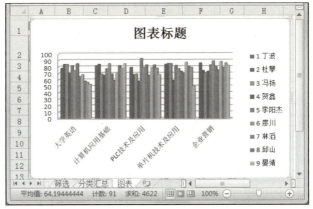

图 4.78　学生成绩三维簇状柱形图修改效果

(5) 在图表区中任何区域右击,在弹出的快捷菜单中选择"三维旋转"命令,打开图 4.80 所示的"设置图表区格式"对话框。在"边框样式"选项卡中,将宽度设为 5 磅;在"三维旋转"选项卡中,将 X 轴旋转角度设为 120°,将 Y 轴旋转角度设为 90°。

学生成绩三维簇状柱形图最终效果如图 4.81 所示。

图 4.79　"字体"对话框

图 4.80　"设置图表区格式"对话框

3) 制作"丁波"成绩的分离型三维饼图

(1) 选择 B2:G3 单元格区域,选择"插入"选项卡→"图表"分组→"饼图"下拉按钮→"分离型三维饼图"命令,则"图表"工作表中将出现一张图 4.82 所示的"丁波"成绩分离型三维饼图。

(2) 选中显示的饼图,单击"图表工具:设计"选项卡→"图表布局"分组→"布局 1"按钮,单击"图表工具:设计"选项卡→"图表样式"分组→"样式 34"按钮,更改图表的布局、样式。"丁波"成绩分离型三维饼图修改效果如图 4.83 所示。

(3) 在图表区中右击任意一门科目的数据标签,在弹出的快捷菜单中选择"设置数据标签格式"命令,打开图 4.84 所示的"设置数据标签格式"对话框。在"数字"选项卡中,设置数字类别为"百分比",小数位数为 2 位,此时图表中显示的各科成绩所占百分比将以保留 2

位小数的形式显示。

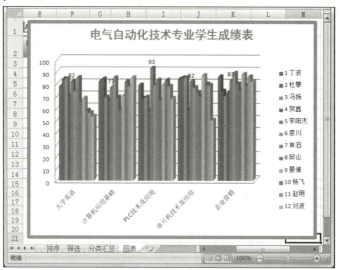

图 4.81　学生成绩三维簇状柱形图最终效果

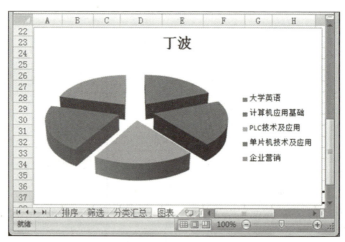

图 4.82　"丁波"成绩分离型三维饼图初步效果

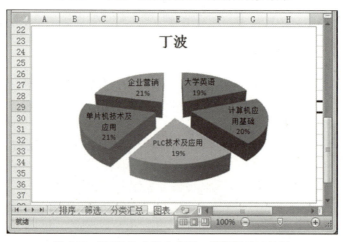

图 4.83　"丁波"成绩分离型三维饼图修改效果

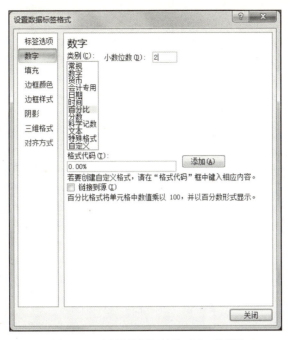

图 4.84 "设置数据标签格式"对话框

（4）选中显示的饼图，选择"图表工具：格式"选项卡→"形状样式"分组→"形状填充"下拉按钮→"紫色，强调文字颜色 4，淡色 60%"命令，更改图表的填充样式。

"丁波"成绩分离型三维饼图最终效果如图 4.85 所示。

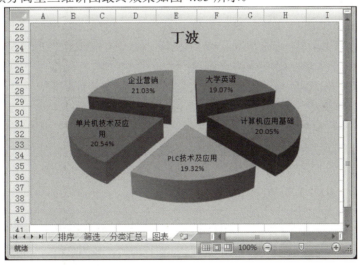

图 4.85 "丁波"成绩分离型三维饼图最终效果

4）按要求布局

将两张图在"图表"工作表中按照图 4.75 排列好。

提示：

（1）如图 4.86 所示，Excel 2010 向用户提供了柱形图、折线图、饼图、条形图、面积图、XY（散点图）、股价图、曲面图、圆环图、气泡图、雷达图 11 大类、73 种不同的内置图表集合，每种图表都包括不同的数据、图表布局、图表样式等设置项目，完全可以满足我们将工作表中的各类数据生成不同样式图表的需求。

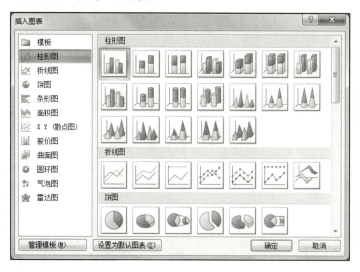

图 4.86 "插入图表"对话框

（2）右击图表区中的各个图表元素，如数据系列、图例等，都会出现相应的快捷菜单或"图表工具：设计"选项卡中的各项命令，选择相应的图表元素的格式命令，会打开相应的图表元素对话框，用户可以在其中设置不同值来实现不同的效果。

6. 创建数据透视表和数据透视图

1）创建数据透视表

数据透视表能帮助用户分析、组织数据。利用它，用户可以很快地从不同角度对数据进行分类汇总。现在使用学生成绩表完成以班级为行，分别统计"大学英语"、"计算机应用基础"和"PLC 技术及应用"成绩平均值（保留 1 位小数）的数据透视表。

（1）激活"表格格式化"工作表，选择"插入"选项卡→"表格"分组→"数据透视表"下拉按钮→"数据透视表"命令，打开图 4.87 所示的"创建数据透视表"对话框。

（2）选中"选择一个表或区域"单选按钮，在"表/区域"文本框中输入"表格格式化!$B$3: $H$15"，并在"选择放置数据透视表的位置"选项组中选中"新工作表"单选按钮，如图 4.88 所示。单击"确定"按钮，则"学生成绩表"工作簿中产生一个新透视表 Sheet2，如图 4.89 所示。

图 4.87 "创建数据透视表"对话框

图 4.88 "创建数据透视表"参数的设置

（3）将"选择要添加到报表的字段"列表框中的"班级"字段拖到"行标签"区域，将"大学英语""计算机应用基础""PLC 技术及应用"字段拖到"数值"区域，如图 4.90 所示。

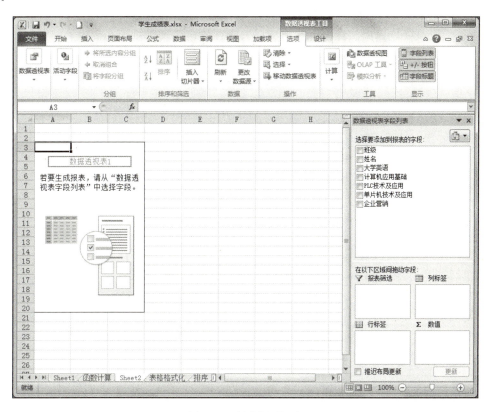

图 4.89　创建新透视表

图 4.90　班级成绩透视表初步效果

（4）单击"在以下区域间拖动字段"中"数值"区域部分的"求和项：大学英语"右边的下拉按钮，选择"值字段设置"选项，打开图 4.91 所示的"值字段设置"对话框。设置"计算类型"为"平均值"，然后单击"数字格式"按钮，打开图 4.92 所示的"设置单元格格式"对话框。设置"分类"为"数值"，在右侧的选项中将"小数位数"设置为"1"，最后单击"确定"按钮关闭该对话框。用同样的方法设置科目"计算机应用基础"和"PLC 技术及应用"。

班级成绩透视表最终效果如图 4.93 所示。

图 4.91 "值字段设置"对话框

图 4.92 "设置单元格格式"对话框

选择"数据透视表工具：选项"选项卡和"数据透视表工具：设计"选项卡中的各项命令，可以对创建好的数据透视表进行格式化及编辑操作。

2）创建数据透视图

利用已创建的数据透视表创建数据透视图的步骤如下：选中创建好的数据透视表，单击"数据透视表工具：选项"选项卡→"工具"分组→"数据透视图"按钮，打开图 4.94 所示的"插入图表"对话框，选择"带数据标记的折线图"，单击"确定"按钮，此时数据透视图创建成功，设置相应区域的相应字段参数。班级成绩透视图效果如图 4.95 所示。

项目4　电子表格处理软件Excel

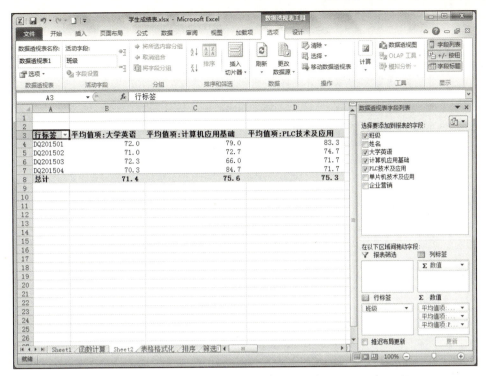

图 4.93　班级成绩透视表最终效果

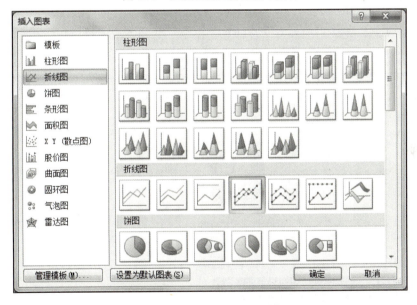

图 4.94　"插入图表"对话框

选择"数据透视图工具：设计"选项卡、"数据透视图工具：布局"选项卡、"数据透视图工具：格式"选项卡、"数据透视图工具：分析"选项卡中的各项命令，可以对创建好的数据透视图进行格式化及编辑操作。

7. 结束操作

保存操作完成后的结果，然后使用 Windows 操作系统中关闭窗口的方法，结束 Excel 的运行，退出 Excel 应用程序。

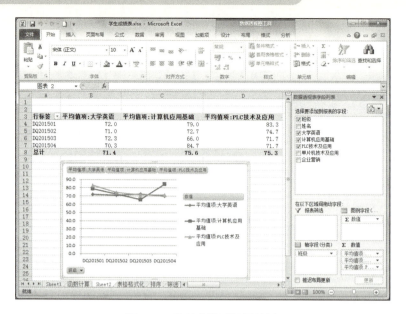

图 4.95 班级成绩透视图效果

综合练习题

如图 4.96 所示，完成小孩教育基金计算工作表。打开"小孩教育基金计算"工作簿，完成以下操作。

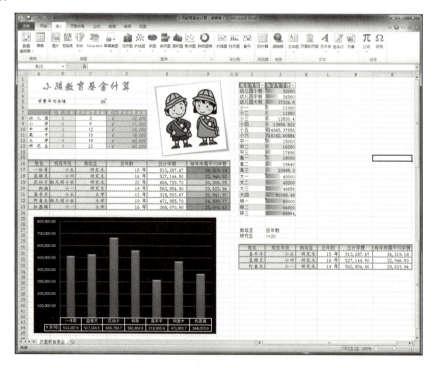

图 4.96 小孩教育基金计算工作表效果

1．表格的基本操作。

（1）将 Sheet1 标签重命名为"孩童教育基金"，并隐藏工作表 Sheet2 和 Sheet3。

（2）插入图片"宝宝.jpg"，设置图片样式为"柔滑边缘矩形"，并按照图 4.96 所示进行布局。

（3）采用"自定义序列"方式填充 I6:I11 单元格区域。"自定义序列"对话框如图 4.97 所示。

图 4.97 "自定义序列"对话框

2．表格的公式使用。

（1）按照小孩教育基金计算工作表中给出的"学费年均涨幅"及各类别教育的"第一学年学费金额"，在 J3:J24 单元格区域中计算出每学年学费（提示：学费年均涨幅为 0.08，即后一年的学费为前一年的 1.08 倍）。

（2）依据 I2:J24 单元格区域中计算出的数据，利用 COUNTA 函数计算出 D17:D23 单元格区域中每个小孩的栽培年数，利用 SUM 函数计算出 E17:E23 单元格区域中每个小孩的总计学费。

（3）在 F17:F23 单元格区域中计算出每个小孩每年所需平均学费。

3．表格的格式设置。

（1）将标题"小孩教育基金计算"设置为图 4.98 所示的艺术字"渐变填充-强调文字颜色 6，内部阴影"的样式，字体设置为方正舒体、28 号、加粗，并布局到原来位置。

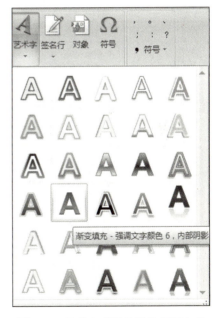

图 4.98 艺术字"渐变填充-强调文字颜色 6，内部阴影"样式

（2）将 A5:B5 单元格区域中的单元格设置为"合并后居中"，字体设置为"楷体"；C5 单元格中的数据设置为以百分比显示，并为其添加批注，批注内容为"请输入资料"；最后为 A5:C5 单元格区域添加"橙色""细实线"样式的内、外边框。

（3）将 A7:D13 单元格区域中的字体设置为"楷体"，对齐方式设置为"分散对齐（缩进）"，为单元格区域添加"蓝色""细实线"样式的内、外边框。设置 A7:D7 单元格区域中的字体颜色为"白色"，背景颜色为"浅绿"。设置 B8:B13 单元格区域中的字体颜色为"绿色"，背景颜色为"水绿色，强调文字颜色 5，淡色 80%"。设置 D8:D13 单元格区域中的字体颜色为"紫色"，背景颜色为"水绿色，强调文字颜色 5，淡色 60%"，字形为"倾斜"，数字样式为货币样式（小数位数为 0）。

（4）选择 A16:F23 单元格区域，设置其内、外边框样式为"蓝色""双线"。设置 A16:F16 单元格区域中的单元格对齐方式为"居中"，字体颜色为"深红色"，背景颜色为"浅绿"到"白色"由上至下的渐变填充效果。设置 A17:C23 单元格区域中的单元格对齐方式为"靠右"，字体为"楷体""加粗"，字体颜色为"绿色"，背景颜色为"水绿色，强调文字颜色 5，淡色 80%"。设置 D17:D23 单元格区域中的单元格数字样式为"0'年'"，如图 4.99 所示。设置 E17:F23 单元格区域中的单元格数字样式为"千位分隔样式"，并利用图 4.100 所示条件格式，用"红-黄-绿色阶"表示每年所需平均学费的高低。

图 4.99 自定义"0'年'"数字样式

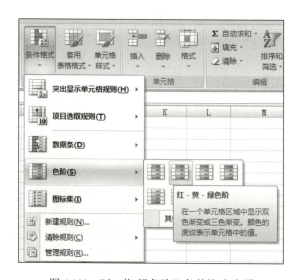

图 4.100 "红-黄-绿色阶"条件格式选项

（5）选择 I2:J24 单元格区域，利用"套用表格格式"，设置样式为"表样式中等深浅 3"，并对 J3:J24 单元格区域设置条件格式，用"蓝色数据条"表示学费的高低。

4．表格数据管理。

（1）对 A16:F23 单元格区域中的单元格数据进行高级筛选，筛选出栽培至研究生且总年数小于等于 20 的数据行，要求条件放在 I27:J28 处，结果复制从 I30 开始。

（2）根据 7 个小孩教育总计学费绘制一个簇状柱形图，图表布局选择"图表布局 5"，并删除"图表标题"和"坐标轴标题"，图表样式选择"样式 26"，坐标轴数据的字体颜色选择"白色"，数据表边框也设为"白色"，绘图区及图表区的背景色均设为"黑色"，最后按照图 4.96 所示进行布局。

项目 5

演示文稿软件 PowerPoint

Microsoft PowerPoint 是 Microsoft Office 应用程序组件的重要组成部分，是集文字、图形、声音、动画于一体的专门制作演示文稿的多媒体软件，并且可以生成网页。使用 PowerPoint 2010 可制作出图文并茂、色彩丰富、表现力和感染力极强的幻灯片。

▶ 本项目主要内容

- 创建新演示文稿，插入新幻灯片，选择幻灯片版式
- 插入、编辑和修饰文本框
- 插入和修改项目符号，插入剪贴画
- 设置幻灯片的主题、背景，添加页眉和页脚
- 插入表格、艺术字、图片和音乐
- 插入超链接和动作按钮
- 设置幻灯片切换和自定义动画

实训 1　创建"我的世界"演示文稿

▶ 实训目的

（1）学习创建新演示文稿，插入新幻灯片，选择幻灯片版式。
（2）掌握插入和编辑文本框的方法。
（3）学会插入和修改项目符号，插入剪贴画。
（4）熟练设置幻灯片的主题、背景及添加页眉、页脚。

▶ 实训要求

以"我的世界"为题建立演示文稿，对自己进行简单介绍，内容包含"基本信息"、"学习

经历"、"我的学校"、"个人爱好"、"我的理想"和"人生格言"。演示文稿中的幻灯片必须文字内容活泼、版式多样、图文并茂,要用到文本框、项目符号、剪贴画,并且设置幻灯片背景及添加页眉、页脚。总体效果图如图 5.1 所示。

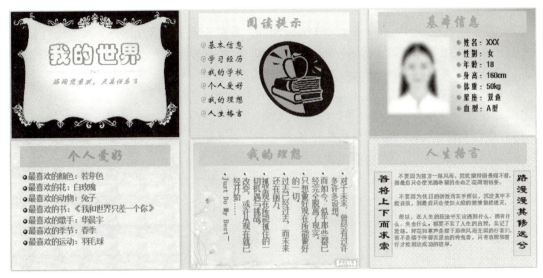

图 5.1　总体效果图

实训步骤

1. 启动 PowerPoint 应用程序

选择"开始"→"所有程序"→Microsoft Office→Microsoft PowerPoint 2010 命令,启动 PowerPoint 应用程序,如图 5.2 所示。

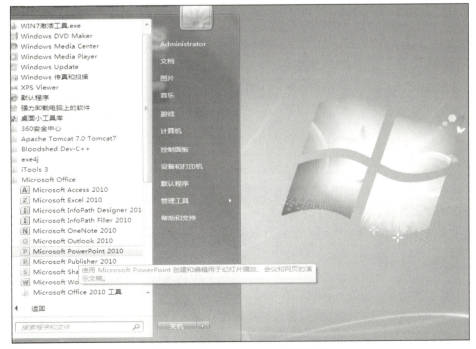

图 5.2　启动 PowerPoint 应用程序

提示：

也可以采用以下方法启动 PowerPoint 应用程序。

（1）利用快捷方式图标启动 PowerPoint 应用程序。如果桌面上有 PowerPoint 快捷方式图标，双击该图标即可启动 PowerPoint。

（2）通过打开 PowerPoint 文档启动 PowerPoint。利用资源管理器或"计算机"找到要打开的 PowerPoint 文档，双击该 PowerPoint 文档图标，或右击该图标并在弹出的快捷菜单中选择"打开"命令，即可启动 PowerPoint，同时打开此文档。

2. 创建演示文稿

1）新建并保存名为"我的世界"的演示文稿

（1）启动 PowerPoint，系统自动打开一个文件名为"演示文稿1"的演示文稿文件，演示文稿中默认有一张幻灯片。PowerPoint 界面如图 5.3 所示。

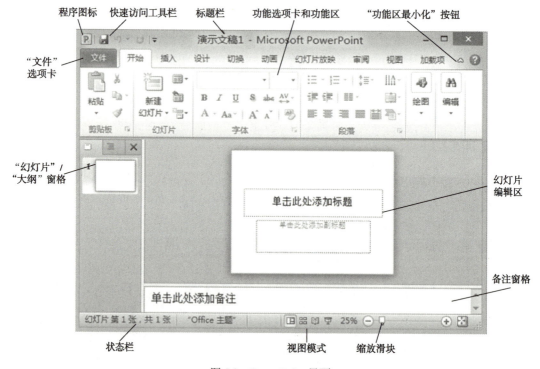

图 5.3　PowerPoint 界面

提示：

也可以采用以下方法新建 PowerPoint 文档。

（1）选择"文件"选项卡→"新建"选项，选择"空白演示文稿"，单击"创建"按钮。

（2）单击快速访问工具栏中的"新建"按钮，或按 Ctrl+N 组合键，新建一个默认的空白演示文稿。

（2）选择"文件"选项卡→"保存"命令，或者单击快速访问工具栏中的"保存"按钮，打开图 5.4 所示的"另存为"对话框。

在 PowerPoint 中，文档默认的保存位置是"文档库"，在导航窗格中选择"计算机"选项组中的"本地磁盘 C:"选项，将文档存放在 C 盘的根文件夹下。

图 5.4 "另存为"对话框

在"文件名"列表框中,将保存的文档名改为"我的世界(×××).pptx"(注意:这里的"×××"要替换为自己的汉字姓名)。

单击"保存"按钮,即把刚才输入的内容使用指定的文件名保存了。

2)输入标题内容并设置格式

(1)单击第 1 张幻灯片上的第一个文本框"单击此处添加标题",输入演示文稿的主题文字"我的世界"。

(2)将鼠标指针移动到文本框的边框上,当鼠标指针变成移动箭头形状( )时单击选中该文本框,在"开始"选项卡→"字体"分组中设置文本框内所有文本的文字格式:华文彩云(字体)、96 磅(字号)、加粗,单击"字体颜色"下拉按钮,选择"标准色"→"红色"选项,如图 5.5 所示,其效果如图 5.6 所示。

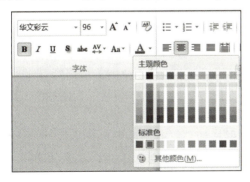

图 5.5 选择字体颜色

图 5.6 设置文本框格式后的效果

(3)用同样的方法在幻灯片内第二个文本框中输入"海阔凭鱼跃,天高任鸟飞",然后选择文本,设置文字格式:方正舒体(字体)、36 磅(字号)、加粗、蓝色(字体颜色,标准色)。

(4)选中文本框,按住鼠标左键并拖动,调整其位置,使两个文本框在幻灯片上的摆放位

图 5.7　第 1 张幻灯片最后的效果

置更合理、大方。

第 1 张幻灯片最后的效果如图 5.7 所示。

提示：

选中文本框后设置的文字格式适用该文本框内所有的文本信息。如果要设置文本框内部分文本的文字格式，则可以先选定这些文本，再设置文字格式。

3. 设置幻灯片格式

一个丰富的演示文稿文件不能只包含一张幻灯片，这就需要插入新的幻灯片，在不同的幻灯片中加入精彩内容。

1）插入新幻灯片

单击"开始"选项卡→"幻灯片"分组→"新建幻灯片"按钮，即可在演示文稿中插入一张默认版式（标题和内容）的幻灯片，如图 5.8 所示。

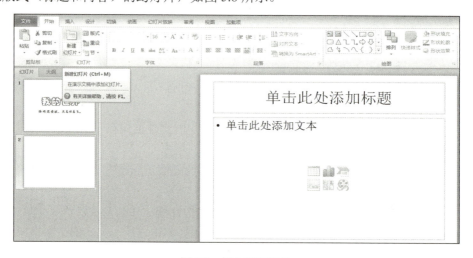

图 5.8　插入新幻灯片

提示：

单击"新建幻灯片"下拉按钮，可选择插入一页带版式的幻灯片；也可在插入幻灯片后，单击"版式"按钮，选择所需的版式进行修改。

单击第 2 张幻灯片中的第一个文本框"单击此处添加标题"，输入"阅读提示"，并设置文字格式：华文行楷（字体）、60 磅（字号）、加粗、阴影，单击"字体颜色"下拉按钮，选择"其他颜色"，在弹出的"颜色"对话框中打开"标准"选项卡，选择"紫色"。

单击"开始"选项卡→"绘图"分组→功能扩展按钮，打开"设置形状格式"对话框，设置"填充"为"纯色填充"，"填充颜色"为"紫色，强调文字颜色 4，淡色 80%"，如图 5.9 所示。

2）设置项目符号

（1）在第二个文本框中输入文字"基本信息""学习经历""我的学校""个人爱好""我的理想""人生格言"（每行输入完毕后按 Enter 键进入下一行），并设置文字格式：华文新魏（字体）、40（字号）。选中文本框中的所有文字，单击"开始"选项卡→"段落"分组→"项目符号"下拉按钮→"项目符号和编号"命令,如图 5.10 所示。

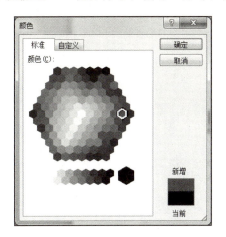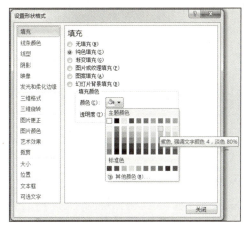

图 5.9 设置字体颜色和文本框填充色

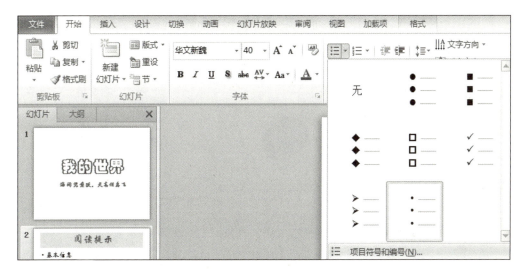

图 5.10 选择项目符号

(2)在打开的"项目符号和编号"对话框中单击"图片"按钮,打开"图片项目符号"对话框,拖动右侧的滚动条,在列表中选择一种图片项目符号,如图 5.11 所示,然后单击"确定"按钮,添加所选择的项目符号。

将鼠标指针移动到第二个文本框的一个控制点上,当鼠标指针变成双向箭头( )时,按住鼠标左键拖动,使文本框大小与文本内容相适合,并移动文本框,使其摆放位置合理、大方。

3)插入剪贴画

(1)单击"插入"选项卡→"图像"分组→"剪贴画"按钮,窗口右侧出现"剪贴画"任务窗格,单击"搜索"按钮,在显示出的图片中选择一幅所喜欢的图片,单击该图片,或单击该图片右侧的下拉按钮,选择"插入"选项,则在幻灯片中插入了所选择的图片,如图 5.12 所示。

图 5.11　设置项目符号

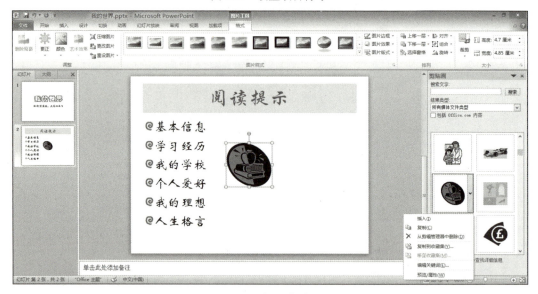

图 5.12　插入剪贴画

（2）将鼠标指针移动到剪贴画边角上的控制点上，当鼠标指针变成双向箭头（ ）时，按住鼠标左键拖动，调整剪贴画大小。调整剪贴画后的效果如图 5.13 所示。

图 5.13　调整剪贴画后的效果

4）设置幻灯片版式

（1）单击"开始"选项卡→"幻灯片"分组→"新建幻灯片"下拉按钮，在"Office 主题"库中选择"两栏内容"版式。

用同样的方法输入并修饰第 3 张幻灯片"基本信息"的内容。在第一个文本框中输入"基本信息"，设置文字格式：华文行楷、60 磅、加粗、阴影、紫色。单击"绘图工具：格式"选项卡→"形状样式"分组→"形状填充"下拉按钮→"其他填充颜色"命令，在打开的"颜色"对话框中选择"自定义"选项卡，设置颜色为淡紫色（RGB：204,153,255），如图 5.14 所示。

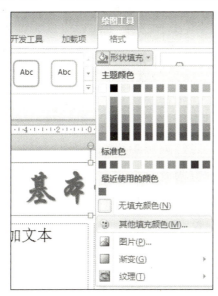 

图 5.14　设置背景颜色

在左边栏中单击"插入来自文件的图片"按钮，如图 5.15 所示。从插入图片对话框中选择照片插入。

在第二个文本框中输入相应的信息，设置文字格式：方正姚体、32 磅、加粗。设置项目符号，再调整照片和文本框的位置，第 3 张幻灯片效果如图 5.16 所示。

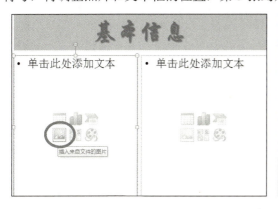 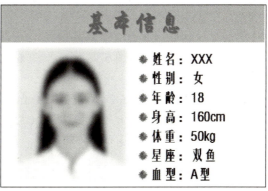

图 5.15　选择"插入来自文件的图片"　　　图 5.16　第 3 张幻灯片效果

（2）插入新幻灯片，在第一个文本框中输入并修饰"个人爱好"的标题（格式设置同第 3 张幻灯片）。在第二个文本框中输入并修饰文本内容（楷体、32 磅、加粗、蓝色）及项目符号。

(3)再次插入新幻灯片,在"Office 主题"库中选择"标题和竖排文字"选项。在第一个文本框中输入并修饰"我的理想"的标题。在第二个文本框中输入并修饰文本内容(楷体、32 磅、加粗、蓝色)及项目符号。

第 4 张、第 5 张幻灯片效果如图 5.17 所示。

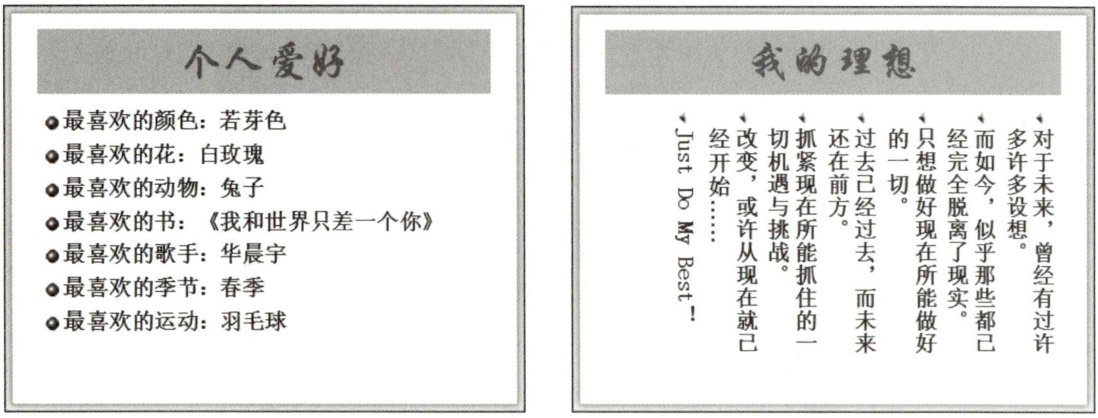

图 5.17 第 4 张、第 5 张幻灯片效果

5)插入文本框

(1)插入新幻灯片,在"Office 主题"库中选择"仅标题"选项。在标题文本框中输入"人生格言",并修饰文本内容。

(2)单击"插入"选项卡→"文本"分组→"文本框"按钮,然后在幻灯片的空白区域用鼠标拖出一个文本框,输入并修饰文本框中的内容(楷体、24 磅、加粗、蓝色)。

(3)单击"插入"选项卡→"文本"分组→"文本框"下拉按钮→"垂直文本框"命令,然后在幻灯片两侧的空白区域用鼠标各拖出一个垂直文本框,分别输入"路漫漫其修远兮""吾将上下而求索"。设置文本格式:隶书、48 磅、加粗、阴影。单击"绘图工具:格式"选项卡→"形状样式"分组→"形状填充"→下拉按钮"主题颜色"→"橙色,强调文字颜色 6,淡色 40%"命令,设置文本框填充色;单击"格式"选项卡→"形状样式"分组→"形状轮廓"下拉按钮→"标准色"→"蓝色"命令,设置"粗细"为"3 磅",设置文本框边框线条;在文本框框线上右击,在弹出的快捷菜单中选择"大小和位置"命令,打开"设置形状格式"对话框。设置文本框高度为 12.5 厘米,宽度为 2.6 厘米,水平位置为 3.81 厘米,垂直位置为 4.9 厘米,如图 5.18 所示。第 6 张幻灯片效果如图 5.19 所示。

提示:

单击"开始"选项卡→"幻灯片"分组→"新建幻灯片"下拉按钮,在"Office 主题"库中选择"复制所选幻灯片"选项,可以在演示文稿中插入与当前幻灯片一样的新幻灯片。

在"幻灯片区"选中要复制的幻灯片,右击,在弹出的快捷菜单中选择"复制幻灯片"命令也可达到同样的效果。

注意:

(1)如果要删除多余的幻灯片,则可以在幻灯片区域选中要删除的幻灯片,右击,在弹出的快捷菜单中选择"删除幻灯片"命令即可,或者按 Delete 键删除。

(2)如果要调整演示文稿中幻灯片的排列顺序,则可以在幻灯片区域选中要调整的幻灯片,按住鼠标左键将其拖放到新的位置即可。

（a） （b）

图 5.18　设置文本框大小和位置

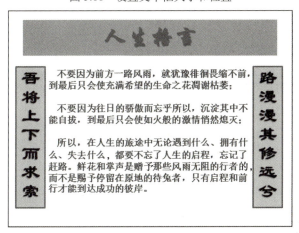

图 5.19　第 6 张幻灯片效果

4．设置幻灯片背景

1）设置幻灯片主题

幻灯片主题可将设置好的颜色、字体和背景效果整合到一起，可应用于单张幻灯片，也可应用于所有幻灯片。

单击"幻灯片"→"大纲"窗格中的第 1 张幻灯片，即让第 1 张幻灯片显示在幻灯片编辑区中，单击"设计"选项卡→"主题"分组右侧的下拉按钮，选择第三行第一个主题"时装设计"，右击该主题形式，在弹出的快捷菜单中选择"应用于选定幻灯片"命令，如图 5.20 所示。设置主题前后对比效果如图 5.21 所示。

图 5.20　设置主题

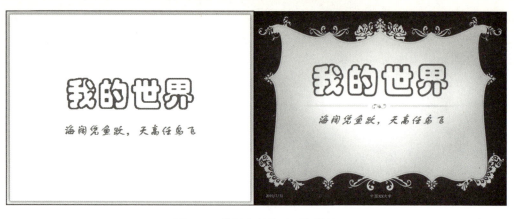

图 5.21 设置主题前后对比效果

2）设置幻灯片背景

为幻灯片添加背景，可以给主题增添浓厚的氛围环境，让幻灯片演示效果更好。

(1) 选中第 2 张幻灯片，单击"设计"选项卡→"背景"分组→功能扩展按钮，打开"设置背景格式"对话框，在"填充"选项卡中将"填充"设置为"纯色填充"，"填充颜色"设置为"红色，强调文字颜色 2，淡色 60%"，如图 5.22 所示。设置背景后的效果如图 5.23 所示。

图 5.22 设置背景格式　　　　　　　　图 5.23 设置背景后的效果

(2) 选中第 3 张幻灯片，如上操作，在"设置背景格式"对话框的"填充"选项卡中，将"填充"设置为"渐变填充"，在"预设颜色"下拉列表中选择第四行第二列的"彩虹出岫Ⅱ"，在"方向"下拉列表中选择第二行第一列的"线性对角，左下到右上"，如图 5.24 所示。

(3) 选中第 4 张幻灯片，在"设置背景格式"对话框的"填充"选项卡中，将"填充"设置为"图片或纹理填充"，在"纹理"下拉列表中选择第四行第一列的"信纸"，如图 5.25 所示。

(4) 选中第 5 张幻灯片，在"设置背景格式"对话框的"填充"选项卡中，将"填充"设置为"图片或纹理填充"，在"插入自"选项组中单击"文件"按钮，在打开的"插入图片"

对话框中选择自己喜欢的背景图片，单击"打开"按钮即可，如图 5.26 所示。

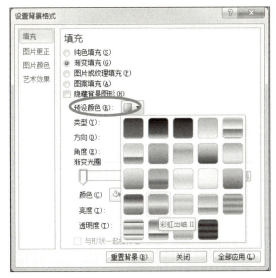 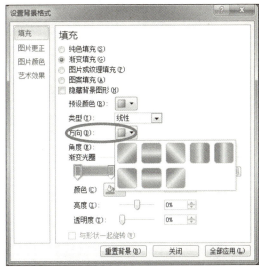

图 5.24　为幻灯片设置渐变填充背景

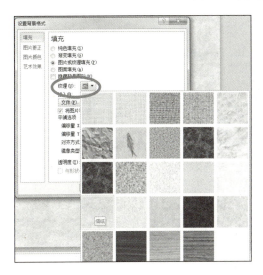 

图 5.25　为幻灯片设置纹理填充背景　　　图 5.26　为幻灯片设置图片背景

第 3 张、第 4 张幻灯片设置背景后的效果如图 5.27 所示。

（5）选中第 6 张幻灯片，在"设置背景格式"对话框的"填充"选项卡中，将"填充"设置为"图案填充"，在"图案填充"列表框中选择第三行第七列的"点式菱形"，设置"背景色"为"橙色，强调文字颜色 6，淡色 60%"，如图 5.28 所示。

第 5 张、第 6 张幻灯片设置背景后的效果如图 5.29 所示。

3）设置页眉和页脚

单击"插入"选项卡→"文本"分组→"页眉和页脚"按钮，打开"页眉和页脚"对话框，在"幻灯片包含内容"选项组中选中"日期和时间"复选框和"页脚"复选框，选中"自动更新"单选按钮，在"页脚"文本框中输入"中国××大学"，如图 5.30 所示，最后单击"全部应用"按钮。

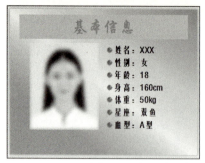 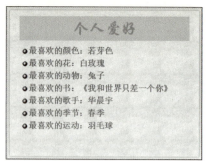

图 5.27　第 3 张、第 4 张幻灯片设置背景后的效果

 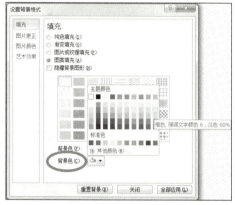

图 5.28　为幻灯片设置图案填充背景

图 5.29　第 5 张、第 6 张幻灯片设置背景后的效果

图 5.30　设置页眉和页脚

提示：
如果需要为演示文稿中的所有幻灯片设置相同的背景效果，则可以单击"设置背景格式"对话框中的"全部应用"按钮。

实训 2　美化"我的世界"

实训目的

（1）熟悉插入艺术字和图片的方法。
（2）掌握插入表格的方法。
（3）学会在幻灯片中插入音乐。
（4）熟练掌握插入超链接、动作按钮的方法。
（5）熟练掌握幻灯片设置及自定义动画的方法。
（6）熟练设置幻灯片放映方式。

实训要求

继续完善"我的世界"，在幻灯片中添加表格、图片、艺术字、背景音乐等，设置超链接、动作按钮及自定义动画，使幻灯片更有动感，更富有活力。"我的世界"最终效果如图 5.31 所示。

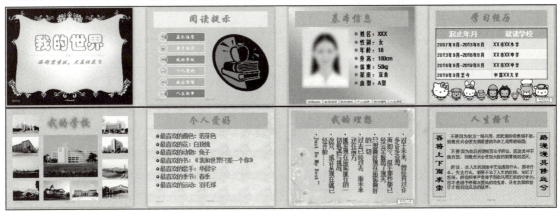

图 5.31　"我的世界"最终效果

实训步骤

1. 插入表格、艺术字、图片和 SmartArt 图形

1）插入表格

在幻灯片中可以插入表格，并对表格进行格式设置。

（1）打开"我的世界"演示文稿，在第 3 张幻灯片后插入一张新幻灯片，使用"仅标题"版式，并设置标题"学习经历"（华文行楷、60 磅、加粗、阴影、紫色字体颜色、浅紫色背景颜色）。

（2）单击"插入"选项卡→"表格"分组→"表格"下拉按钮，选择 2×5 表格；或者选择"插入表格"选项，在打开的"插入表格"对话框中设置 "列数"为"2"、"行数"为"5"，如图 5.32 所示。

图 5.32　插入表格

（3）在"表格工具：设计"选项卡→"表格样式"分组中选择"中度样式 2-强调 6"样式，如图 5.33 所示。

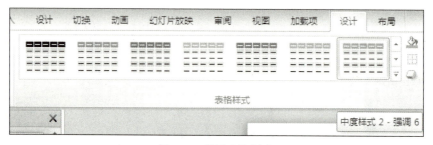

图 5.33　设置表格样式

选中表格，在"表格工具：设计"选项卡→"绘图边框"分组中，把"笔样式"设置为"虚线"，"笔画粗细"设置为"1.0 磅"，"笔颜色"设置为"橙色，强调文字颜色 6，深色 25%"。然后单击"表格工具：设计"选项卡→"表格样式"分组→"边框"下拉按钮→"内部框线"命令，如图 5.34 所示。

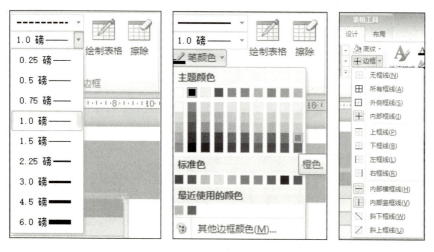

图 5.34　设置表格底纹和内部框线

在"表格工具:设计"选项卡→"绘图边框"分组中,把"笔样式"设置为"实线","笔画粗细"设置为"4.5磅","笔颜色"设置为"橙色,强调文字颜色6,深色50%"。然后单击"表格工具:设计"选项卡→"表格样式"分组→"边框"下拉按钮→"外侧框线"命令。

将鼠标指针移动到表格边框上,调整表格的大小和位置,使幻灯片显得美观、大方。

(4)选中表格第一行,输入文字,设置字体格式为黑体、40磅、加粗、白色。在"表格工具:布局"选项卡→"对齐方式"分组中,设置对齐方式为"居中"和"垂直居中",如图5.35所示。

图5.35 设置表格文本对齐方式

选中表格第2~5行,输入文字,设置字体格式为方正姚体、28磅、加粗。在"表格工具:布局"选项卡→"对齐方式"分组中,设置对齐方式为 "垂直居中"。

将鼠标指针移动到表格边框上,当鼠标指针变成上下箭头（ ）时,按住鼠标左键拖动,调整合适的行高;当鼠标指针变成左右箭头（ ）时,按住鼠标左键拖动,调整合适的列宽。最后的表格效果如图5.36所示。

(5)设置背景。选择一幅图片作为此幻灯片的背景。幻灯片最终效果如图5.37所示。

图5.36 最后的表格效果　　　　图5.37 幻灯片最终效果

2)插入艺术字

(1)在第4张幻灯片后插入一张新的幻灯片,版式选择"空白"。

(2)单击"插入"选项卡→"文本"分组→"艺术字"下拉按钮,在"艺术字样式"库中选择一种样式,幻灯片中自动生成一个文本框（请在此放置您的文字）,在文本框内输入文字"我的学校",设置文字格式:华文行楷、60磅、加粗、阴影、紫色。

(3)单击"绘图工具:格式"选项卡→"艺术字样式"分组→"文本效果"下拉按钮→"发

光"→"发光变体"→"紫色，18pt 发光，强调文字颜色 4"命令，如图 5.38 所示。

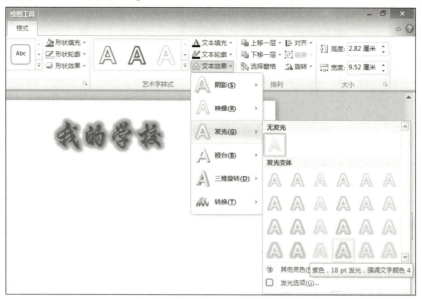

图 5.38　设置艺术字效果

3）插入图片

在幻灯片中插入图片，可以使幻灯片内容更丰富多样、缤纷有趣。

（1）单击"插入"选项卡→"图像"分组→"图片"按钮，打开"插入图片"对话框，找到需要插入的图片所在的文件目录，选择图片文件并单击"打开"按钮，如图 5.39 所示。

图 5.39　"插入图片"对话框

（2）将鼠标指针移到图片四周的控制点上，当鼠标指针变成双向拖动箭头（ ）时，按住鼠标左键拖动，调整图片的大小，然后单击图片，当鼠标指针变成移动标志（ ）时按住鼠标左键拖动，调整图片的位置。

（3）用同样的方法插入其他图片，并调整图片的位置。

（4）设置幻灯片的背景，选择"设置背景格式"中的"图片或纹理填充"→"纹理"→"粉色面巾纸"。

最后的图片效果如图 5.40 所示。

图 5.40　最后的图片效果

提示：

在 PowerPoint 中插入图片和设置图片格式的方法与 Word 中基本相同，但是在 PowerPoint 中，可以直接随意调整插入图片的位置，而在 Word 中，要先设置图片的文字环绕方式，随后才可以移动图片的位置。

4）插入 SmartArt 图形

SmartArt 图形可以表明各事物之间的关系。

（1）切换到第 2 张幻灯片，单击"插入"选项卡→"插图"分组→SmartArt 按钮，打开"选择 SmartArt 图形"对话框，在左侧选择"图片"选项，在右侧选择"垂直图片重点列表"选项，单击"确定"按钮，如图 5.41 所示。

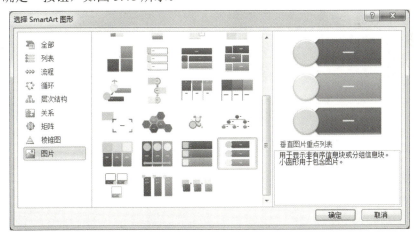

图 5.41　"选择 SmartArt 图形"对话框

（2）此时在占位符处插入了一个"垂直图片重点列表"样式的 SmartArt 图形，该图形默认有 3 个文本框，选择文本"基本信息"，剪切，在 SmartArt 图形的第一个文本框的"[文本]"提示中粘贴。

以相同的方式处理"学习经历"和"我的学校"。

选择"我的学校"文本框，单击"SmartArt 工具：设计"选项卡→"创建图形"分组→"添加形状"按钮，如图 5.42 所示，则在后面添加了一个相同形状，在形状内输入"个人爱好"并设置相应的格式；或者剪切已有文字"个人爱好"，选择整个 SmartArt 图形，粘贴，亦可在后面添加一个带有文字的相同形状。

图 5.42　添加图形

以相同的方式处理"我的理想"和"人生格言"。

删除多余的文本框，并调整 SmartArt 图形的大小、位置。添加 SmartArt 图形后的效果如图 5.43 所示。

（3）选择 SmartArt 图形，单击"SmartArt 工具：设计"选项卡→"SmartArt 样式"分组→"更改颜色"下拉按钮→"彩色"→"彩色，强调文字颜色"命令，如图 5.44 所示。

图 5.43　添加 SmartArt 图形后的效果

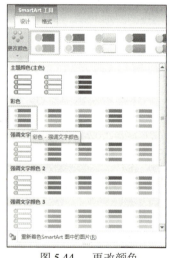

图 5.44　更改颜色

（4）单击 SmartArt 图形的图片框，则自动弹出"插入图片"对话框，找到需要插入的图片所在的文件目录，选择图片文件，最后单击"插入"按钮。添加 SmartArt 图形最终效果如图 5.45 所示。

2．动作设置

1）建立超链接

插入超链接后，可以在放映幻灯片时自由地在不同幻灯片之间进行切换。

（1）单击"幻灯片区"的第 2 张幻灯片，选中第一个文本框"基本信息"，单击"插入"选项卡→"链接"分组→"超链接"按钮，打开"插入超链接"对话框，选择"链接到"选项组中的"本文档中的位置"选项，在"请选择文档中的位置"列表框中选中"幻灯片标题"→"基本信息"选项，如图 5.46 所示。设置将第一个文本框链接到本文档中的第 3 张幻灯片。

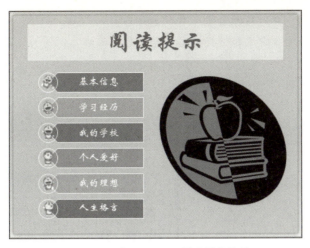

图 5.45　添加 SmartArt 图形最终效果

图 5.46　设置超链接对象

（2）用同样的方法将第 2～6 个文本框分别链接到第 4～8 张幻灯片。

2）设置动作按钮

（1）选择第 3 张幻灯片，设置动作按钮。单击"插入"选项卡→"插图"分组→"形状"下拉按钮→"圆角矩形"命令，在幻灯片上拖放出一个圆角矩形，在此矩形上右击，在弹出的对话框中选择"编辑文字"选项，输入"阅读提示"，设置文字格式，调整矩形大小和位置。在"格式"选项卡→"形状样式"分组中对矩形进行设置。选中该矩形，单击"插入"选项卡→"链接"分组→"动作"按钮，在打开的"动作设置"对话框中选中"超链接到"单选按钮，在对应的下拉列表中选择"幻灯片"选项。从"超链接到幻灯片"对话框中选择"阅读提示"选项，如图 5.47 所示。

（2）用同样的方式设置"学习经历""我的学校""个人爱好""我的理想""人生格言"几个动作按钮。设置动作按钮之后的幻灯片效果如图 5.48 所示。

（3）单击"幻灯片放映"选项卡→"开始放映幻灯片"分组→"从头开始"按钮，放映观看幻灯片。单击第 2 张幻灯片"阅读提示"中的选项，鼠标指针变成手形时单击，可以切换到相应详细内容的幻灯片，将鼠标指针移到"基本信息"中的动作按钮，可以快速切换到其他幻灯片，或返回"阅读提示"。

提示：

（1）超链接的对象可以是文本框及文本框中的部分文本、图片、图形，超链接到的对象可以是幻灯片、演示文稿、其他程序和电子邮件地址等。

（2）为文本框中的文本设置超链接，文本会添加下画线，但是为文本框设置超链接，文本框是不会添加下画线的。

图 5.47　设置动作按钮

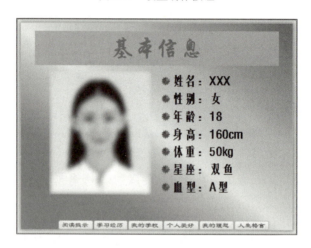

图 5.48　设置动作按钮之后的幻灯片效果

3）设置幻灯片的切换方式

选中第 1 张幻灯片，单击"切换"选项卡→"切换到此幻灯片"分组→"分割"按钮，使幻灯片以"分割"的方式进行切换，在"计时"分组中把"声音"设置为"风铃"，"持续时间"设置为 2 秒，"设置自动换片时间"设置为 3 秒，如图 5.49 所示。

图 5.49　设置幻灯片切换

单击第 2 张幻灯片，单击"切换"选项卡→"切换到此幻灯片"分组→"涟漪"按钮，在"计时"分组中把"声音"设置为"照相机"。

以同样的方式设置其他幻灯片的切换方式。

4）设置自定义动画

在幻灯片中设置自定义动画，可以让幻灯片更加活泼。

（1）选择第 1 张幻灯片中"我的世界"，单击"动画"选项卡→"动画"分组→"飞入"按钮，单击"效果选项"下拉按钮，选择"方向"→"自底部"选项，如图 5.50 所示。

图 5.50　设置自定义动画

（2）以同样的方式设置"海阔凭鱼跃，天高任鸟飞"的动画为"缩放"。

可以根据自己的喜好对其他几张幻灯片进行设置。

3. 设置背景音乐

单击第 1 张幻灯片，单击"插入"选项卡→"媒体"分组→"音频"按钮，从"插入音频"对话框中选择自己喜爱的音乐文件，然后单击"确定"按钮。这时，页面上出现 图标，单击该图标，在"播放"选项卡→"音频选项"分组中选中"放映时隐藏"复选框和"循环播放，直到停止"复选框，并设置"自动开始"。单击"动画"选项卡→"动画"分组→功能扩展按钮，打开"播放音频"对话框，设置"开始播放"为"从头开始"，"停止播放"为"在 10 张幻灯片之后"，如图 5.51 所示。单击"动画"选项卡→"计时"分组→"对动画重新排序：向前移动"按钮，直到该按钮变为灰色（声音图标可以移动到本页面任意位置）。

图 5.51　设置声音选项

4. 设置幻灯片放映方式

单击"幻灯片放映"选项卡→"设置"分组→"设置幻灯片放映"按钮，打开"设置放映方式"对话框，设置"放映类型"为"演讲者放映"（全屏幕），在"放映选项"选项组中选中"循环放映，按 ESC 键终止"复选框，如图 5.52 所示。

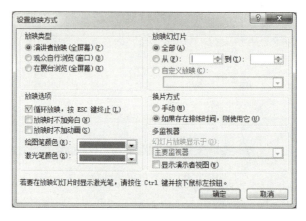

图 5.52　设置幻灯片放映方式

单击"幻灯片放映"选项卡→"开始放映幻灯片"分组→"从头开始"按钮，放映观看幻灯片。

综合练习题

新建一演示文稿，命名为"毕业.pptx"。充分发挥自己的想象力，把心中的感悟用最美好的文字和图片展现出来，并按照下列要求完成对此文稿的修饰并保存。

1. 设置幻灯片的设计主题为"波形"。
2. 在第 2 张幻灯片中设置背景格式，在"渐变填充"项中，预设颜色为"茵茵绿原"，类型为"射线"，隐藏背景图形。
3. 在所有幻灯片页脚位置插入幻灯片编号和可自动更新的日期，日期格式为"××××/××/××"。
4. 在第 1 张幻灯片中插入一张图片，并设置如下内容。
（1）设置标题的动画样式为"劈裂，中央向左右展开"，图片的动画效果为"自底部飞入"。
（2）设置标题"我们毕业啦！"：颜色为红色（RGB：255,0,0），字体为"华文彩云"，字号为"60"。
5. 设置所有幻灯片的切换方式为"自左侧擦除"，换片方式为"自动换片间隔 2 秒"，取消选中"单击鼠标时"复选框。

项目 6

计算机网络与安全

随着计算机的普及，计算机网络逐渐应用在各种工作环境中。计算机网络是通过一定的连接媒介、连接设备及相应的计算机硬件系统和软件系统，将相同地域或不同地域的多台计算机连接在一起形成的综合系统。它的主要功能是实现资源共享和信息交换。

本项目主要内容

- 了解网络配置信息的含义
- 掌握设置和修改 TCP/IP 参数的方法
- 掌握浏览器、电子邮件的使用和操作方法

实训　网络的使用

实训目的

（1）掌握网络基本测试命令。
（2）掌握修改 IP 地址的方法。
（3）掌握使用 Internet Explorer（简称 IE）浏览器上网的基本操作方法。
（4）掌握网页浏览、网页信息的保存方法和收藏网页的方法。
（5）掌握修改 IE 浏览器默认主页的方法。
（6）了解使用 HTML 制作简单网页的方法。
（7）掌握电子邮件的使用和操作方法。

实训要求

（1）正确使用网络基本测试命令。
（2）能修改 IP 地址。
（3）能使用 IE 浏览器浏览网页，保存网页信息和收藏网页。

（4）正确设置 IE 浏览器默认主页。
（5）了解使用 HTML 制作网页的方法。
（6）掌握电子邮件的使用和操作方法。

实训步骤

1. 网络基本命令的使用

1）启动命令提示符程序

选择"开始"→"所有程序"→"附件"→"命令提示符"命令，启动命令提示符程序。

提示：

也可以采用以下方法启动命令提示符程序。

（1）单击"开始"按钮，直接输入"cmd"后按 Enter 键确认。

（2）按 Windows 徽标键+R 键，打开"运行"对话框，在其中的文本框中输入"cmd"，之后单击"确定"按钮。

2）使用 ping 命令

在命令提示符光标闪烁处输入"ping"命令后按 Enter 键确认，可以看到 ping 命令的用法和参数的详细说明。

在命令提示符光标闪烁处输入"ping 空格 127.0.0.1"命令后按 Enter 键确认，可以检查本地的 TCP/IP 协议有没有设置好。

提示：

ping 是 Windows 下的一个命令，用来测试数据包能否通过 IP 到达特定主机。ping 的运作原理是向目标主机传出一个 ICMP 要求数据包，并等待接收回应数据包。程序会按时间和成功响应的次数估算丢包率网络时延。利用 ping 命令可以检查网络是否连通，并帮助用户分析和判定网络故障。应用格式为"ping 空格 IP 地址"。

ping 本机 IP 地址，可以检查本机的 IP 地址是否设置有误；ping 本网的网关地址或本网 IP 地址，可以检查硬件设备是否有问题，也可以检查本机与本地网络连接是否正常；ping 本地 DNS 地址，可以检查本地 DNS 服务器是否工作正常；ping 远程 IP 地址，可以检查本网或本机与外部的连接是否正常。

3）使用 ipconfig 命令

在命令提示符光标闪烁处输入"ipconfig"命令后按 Enter 键确认，可以看到本机已经配置的网络接口的 IP 地址、子网掩码和默认网关值。

在命令提示符光标闪烁处输入"ipconfig －all"命令后按 Enter 键确认，可以更详细地显示机器的网络信息。

2. IP 地址的设置

1）打开"本地连接 属性"对话框

选择"开始"→"控制面板"命令，打开控制面板，单击"网络和 Internet"→"查看网络状态和任务"链接，选择"更改适配器设置"选项，打开"网络连接"窗口，右击"本地连接"选项，在弹出的快捷菜单中选择"属性"命令，打开"本地连接 属性"对话框，如图 6.1 所示。

在"本地连接 属性"对话框的"网络"选项卡中选中"Internet 协议版本 4（TCP/IPv4）"复选框后单击"属性"按钮，打开"Internet 协议版本 4 （TCP/IPv4）属性"对话框，如图 6.2 所示。

图 6.1 "本地连接 属性"对话框

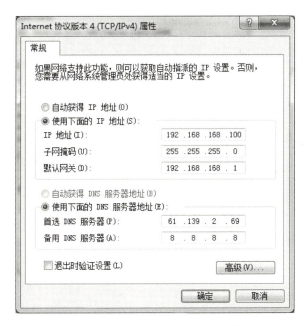

图 6.2 "Internet 协议版本 4 （TCP/IPv4）属性"对话框

2）设置 IP 地址

IP 地址的设置方法有两种，一种是自动获取，另一种是手动设置。在"Internet 协议版本 4（TCP/IPv4）属性"对话框中进行如下设置。

（1）记下当前原始的 IP 地址设置。

（2）选中"使用下面的 IP 地址"单选按钮，将"IP 地址"设置为"192.168.168.1××（××

是学生学号的后两位)","子网掩码"设置为"255.255.255.0","默认网关"设置为"192.168.168.1"。

(3) 选中"使用下面的 DNS 服务器地址"单选按钮,将"首选 DNS 服务器"设置为"61.139.2.69",将"备用 DNS 服务器"设置为"8.8.8.8"。

(4) 设置完成后,单击"确定"按钮。

(5) 用"ipconfig –all"命令检查设置是否生效。

(6) 恢复最初的设置。

3. 使用 IE 浏览器

1) 启动浏览器

选择"开始"菜单→"所有程序"→Internet Explorer 命令,启动 IE 浏览器。

提示:

也可以利用桌面快捷方式图标启动浏览器。在桌面上双击 IE 浏览器图标,即可启动 IE 浏览器。

2) 浏览网页

在 IE 浏览器的地址栏中输入网址"www.cdtc.edu.cn",然后按 Enter 键确认,即可打开成都纺织高等专科学校首页,如图 6.3 所示。

图 6.3 成都纺织高等专科学校首页

提示:

浏览完网页后,可以按 Ctrl+W 组合键关闭当前打开的选项卡。

3) 保存网页

(1) 用 IE 浏览器打开新浪网首页(www.sina.com.cn),等网页内容完全显示以后,选择"文件"→"另存为"命令,在打开的"保存网页"对话框中选择文档保存位置,并输入文件名,设置"保存类型"为"网页,全部(*.htm;*.html)",如图 6.4 所示。

(2) 单击"保存"按钮。网页保存操作完成后,在"我的文档"文件夹下会生成一个"新浪首页_files"文件夹和"新浪首页.htm"文件。

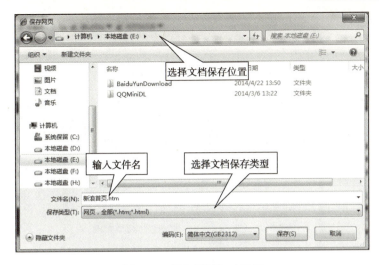

图 6.4 "保存网页"对话框

4）收藏网页

（1）在 IE 浏览器中打开百度首页。

（2）单击浏览器右上角的五角星图标，或者选择"收藏夹"→"添加到收藏夹"命令，打开"添加收藏"对话框，如图 6.5 所示。

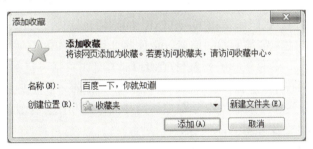

图 6.5 "添加收藏"对话框

（3）"名称"文本框中显示的是当前网页的名称，可以重新命名。如果要选择主页的收藏位置，则可单击"新建文件夹"按钮，打开"创建文件夹"对话框，在该对话框中可以创建新的文件夹。输入名称和创建位置后，单击"添加"按钮，即可将百度首页添加到收藏夹中。

（4）单击 IE 浏览器窗口上的 ⊠ 按钮，关闭 IE 浏览器。

在使用 IE 浏览器浏览网页时，打开"收藏夹"菜单或单击"收藏"按钮，即可以从中选择要浏览的网页。

5）设置主页

打开图 6.6 所示的"Internet 选项"对话框的"常规"选项卡，在"主页"文本框中输入成都纺织高等专科学校的网站地址后，单击"确定"按钮。该设置成功后，下一次打开 IE 浏览器时，设置的主页会在第一时间被打开。

4．制作一个简单网页

1）HTML 简介

HTML（Hyper Text Markup Language，超文本标记语言）是目前网络上应用最为广泛的语言之一，也是构成网页文档的主要语言。

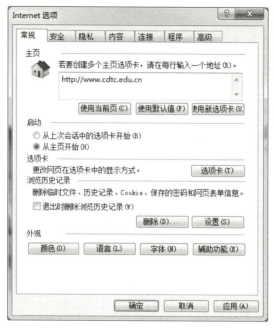

图 6.6 "Internet 选项"对话框

HTML 网页由 HTML 代码编写出来。HTML 的结构包括头部（Head）、主体（Body）两大部分，其中，头部描述浏览器所需的信息，主体包含所要说明的具体内容。

HTML 标记标签通常称为 HTML 标签（HTML Tag），是由尖括号包围的关键词，如 <html>。HTML 标签通常是成对出现的，如和。标签对中的第一个标签是开始标签，第二个标签是结束标签，开始标签和结束标签也分别被称为开放标签和闭合标签。

HTML 常用基本标签含义如下。

（1）<html>和</html>标记是文档的首尾标记。

（2）<head>和</head>标记界定文档的开关部分。

（3）<title>和</title>标记规定网页浏览器窗口的标题栏中应显示的内容。

（4）<body>和</body>标记定义网页在被浏览时浏览器窗口的工作区应显示的内容。

（5）<p>标记表示一个自然段落的结束，一般加在两个自然段落之间，此时</p>被省略。

（6）
标记表示转行（断行），不表示自然段落的结束。与<p>标记相比，
标记因为产生的行间距较小，被广泛使用。

（7）<hr>标记表示画水平线。

（8）<hn>和</hn>标记定义网页的主体部分的标题文本，n 表示字号大小，其中，1 号标题最大。

（9）排版标签： 为置中标签，<blockquote></blockquote>为向右缩排标签，<pre></pre>用于保持标签内文字输入的格式。

（10）序列标签格式：

```
<ul>无序列表
   <li></li>标签中的项
</ul>
```

（11）表格标签格式：

```
<table>表格标签
    <tr>表格的行
        <td>行内的单元格（同列宽度相同，同行高度相同）
        </td>
    </tr>
</table>
```

（12）超链标记（即锚标记）表示设置超链接。其格式如下：

< a href="URL 地址" > 超链文本及图像 </a>

（13）HTML 图像标记用于在页面中插入图像。其格式如下：

<img SRC="URL 信息">

其中，属性 SRC 表示图像的源（Source）文件，因此这里的 URL 信息必须对应一个图像文件。

（14）表单标签为<FORM>。

2）编写简单网页

（1）选择"开始"→"所有程序"→"附件"→"记事本"命令，打开一个空白记事本，以"网页.html"或"网页.htm"为扩展名保存文件。

（2）开始编写 HTML 代码。首先在记事本中输入必需的几个标记：<html></html><head></head><title></title><body></body>，如图 6.7 所示。

（3）在<title> </title>两个标记之间插入内容"我的第一个网页"。

（4）在<body></body>两个标记之间插入内容"这是我的第一个网页，欢迎光临！"

（5）保存网页，退出。

（6）打开保存的网页文件，即可看见图 6.8 所示的网页效果。

图 6.7　在记事本中输入必需的标记

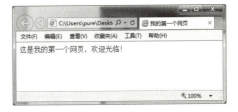

图 6.8　网页效果

提示：

HTML 标签对字母大小写不敏感：<HTML> 等同于 <html>。许多网站都使用大写 HTML 标签，但推荐使用小写，因为在（X）HTML 版本中强制使用小写。

<html> 与 </html> 之间的文本描述网页。

<body> 与 </body> 之间的文本是可见的页面内容。

3）修改网页

网页在编辑完成后，如果有不满意的地方，则可以重新打开源文件并修改。

（1）右击"网页.html"或"网页.htm"文件，在弹出的快捷菜单中选择"打开方式"→"记事本"命令，就可以用记事本打开网页的 HTML 源文件。

（2）将源文件修改为图 6.9 所示的内容。

提示：

HTML 标题（Heading）是通过 <h1>～<h6> 等标签进行定义的，数值越小，标题越大。

<h1> 与 </h1> 之间的文本显示为标题，且浏览器会自动地在标题的前后添加空行。

<p> 与 </p> 之间的文本显示为段落。

没有内容的 HTML 元素称为空元素。空元素是在开始标签中关闭的。
就是没有关闭标签的空元素，它定义了换行。每个表格由<table>标签开始，表格行由<tr>标签开始，表格数据由<td>标签开始。

（3）在记事本中选择"文件"→"保存"选项，对修改的内容进行存盘。

（4）在 IE 浏览器中选择"查看"→"刷新"选项，可以看到新的网页效果，如图 6.10 所示。

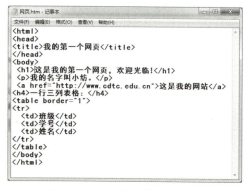

图 6.9　在记事本中输入内容

图 6.10　网页效果

5．使用 Microsoft Outlook 2010 收发电子邮件

1）添加电子邮件账户

在使用 Microsoft Outlook 2010 收发电子邮件前，需要添加电子邮件账户。

（1）打开 Microsoft Outlook 2010，选择"文件"→"信息"选项，单击"添加账户"按钮，如图 6.11 所示。

（2）在"选择服务"窗口中，单击"电子邮件账户"按钮，单击"下一步"按钮。

（3）在"自动账户设置"窗口中，选中"电子邮件账户"单选按钮，输入姓名、电子邮件地址和密码，单击"下一步"按钮后，就完成了设置，如图 6.12 所示。

2）工作界面

Microsoft Outlook 2010 是一个电子邮件客户端程序，不仅可以用来发送和接收电子邮件，而且可以管理日程、联系人、任务及记录活动。Outlook 数据文件中列出了它自定义的文件夹，用户也可以根据自己的需求来添加或删除文件夹。Microsoft Outlook 2010 联系人工作界面如图 6.13 所示。

3）发送电子邮件及附件

（1）打开 Microsoft Outlook 2010，单击"开始"选项卡→"新建"分组→"新建电子邮件"按钮，打开"未命名-邮件（HTML）"窗口。

图 6.11　添加账户

图 6.12　填写账户信息

（2）选择发件人信箱，填写收件人、主题和电子邮件内容，完成电子邮件的撰写操作，如图 6.14 所示。

（3）如果电子邮件中需要添加附件，则需要单击"邮件"选项卡→"添加"分组→"附加文件"按钮，打开"插入文件"对话框，在对话框中选择要插入的文件，然后单击"插入"按钮，如图 6.15 所示。这样，在新撰写电子邮件的附件项中会列出所附加的文件名。

图 6.13 Microsoft Outlook 2010 联系人工作界面

图 6.14 撰写新电子邮件

图 6.15 "插入文件"对话框

(4)单击"发送"按钮,完成电子邮件的发送。

4)接收电子邮件及附件保存

(1)打开 Microsoft Outlook 2010,单击"开始"选项卡→"发送/接收"分组→"发送/接收所有文件夹"按钮,完成电子邮件的接收。

(2)单击 Microsoft Outlook 2010 窗口左侧 Outlook 数据文件栏中的"收件箱"按钮,出现电子邮件预览窗口。该窗口中部为电子邮件列表区,右侧是电子邮件预览区,如图 6.16 所示。

图 6.16　电子邮件预览窗口

(3)双击电子邮件列表区的任一电子邮件,即可阅读该电子邮件。

(4)如果电子邮件中包含附件,则可双击附件图标查看内容。也可右击文件名,在弹出的快捷菜单中选择"另存为"命令,打开"保存附件"对话框,指定保存路径和文件名称,并单击"保存"按钮。

5)回复电子邮件

(1)在电子邮件列表区中选择任意一封需要回复的电子邮件,右击,在弹出的快捷菜单中选择"答复"命令,打开回复电子邮件窗口。

(2)回复电子邮件窗口中的发件人和收件人由系统自动填好,原信件内容作为引用内容附在电子邮件后面显示,主题内容自动添加"答复:",如图 6.17 所示。

(3)电子邮件回复内容撰写完成后,单击"发送"按钮即可。

6)转发电子邮件

(1)在电子邮件列表区中选择任意一封需要转发的电子邮件,右击,在弹出的快捷菜单中选择"转发"命令,打开转发电子邮件窗口。

(2)转发电子邮件窗口中的发件人地址由系统自动填好,收件人地址可填入需转发的多个收件人地址,地址之间用逗号或分号分隔,原信件内容作为引用内容附在电子邮件后面显示,主题内容自动添加"转发:",如果原电子邮件有附件,则其会自动附加,如图 6.18 所示。

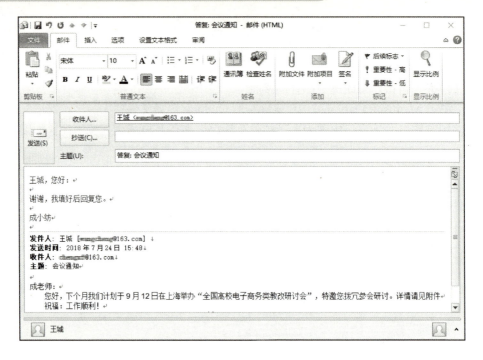

图 6.17 回复电子邮件

图 6.18 转发电子邮件

（3）转发内容撰写完成后，单击"发送"按钮即可。

综合练习题

1．两位同学为一组，练习使用浏览器或 Microsoft Outlook 2010 互相给对方撰写并发送一封带有附件的电子邮件。收到电子邮件后下载附件，再回复该电子邮件给对方。

2．使用搜索引擎查找计算机等级考试一级的考试大纲，浏览搜索结果页面后收藏相关网址并保存相关网页。

反侵权盗版声明

电子工业出版社依法对本作品享有专有出版权。任何未经权利人书面许可,复制、销售或通过信息网络传播本作品的行为,歪曲、篡改、剽窃本作品的行为,均违反《中华人民共和国著作权法》,其行为人应承担相应的民事责任和行政责任,构成犯罪的,将被依法追究刑事责任。

为了维护市场秩序,保护权利人的合法权益,我社将依法查处和打击侵权盗版的单位和个人。欢迎社会各界人士积极举报侵权盗版行为,本社将奖励举报有功人员,并保证举报人的信息不被泄露。

举报电话:(010)88254396;(010)88258888
传　　真:(010)88254397
E-mail:　dbqq@phei.com.cn
通信地址:北京市海淀区万寿路 173 信箱
　　　　　电子工业出版社总编办公室
邮　　编:100036